Joscha Wullweber
Das grüne Gold der Gene

D1671209

Joscha Wullweber, geb. 1973, ist Diplombiologe. Seit einem halbjährigen Studienaufenthalt 2000/2001 in Mexiko befasst er sich verstärkt mit dem Problem der Biopiraterie. Zur Zeit promoviert er am politikwissenschaftlichen Institut in Kassel über die gesellschaftlichen Prozesse der Durchsetzung der neuen Biotechnologien. Er ist u.a. aktiv in der BUKO Kampagne gegen Biopiraterie und Mitherausgeber des „Kaperbrief".

Joscha Wullweber

Das grüne Gold der Gene

Globale Konflikte und Biopiraterie

WESTFÄLISCHES DAMPFBOOT

Bibliografische Information der Deutschen Bibliothek
Die Deutsche Bibliothek verzeichnet diese Publikation in
der Deutschen Nationalbibliografie; detaillierte bibliografische
Daten sind im Internet über http://dnb.ddb.de abrufbar.

1. Auflage Münster 2004
© 2004 Verlag Westfälisches Dampfboot, Münster
Alle Rechte vorbehalten
Umschlag: Lütke-Fahle-Seifert
Druck: Fuldaer Verlagsagentur
Gedruckt auf säurefreiem Papier.
ISBN 3-89691-594-0

Inhalt

Einleitung

Die Patentierung von genetischen Ressourcen hat in den 1990er Jahren immens an Bedeutung gewonnen. Bestandteile der Natur werden als das „Grüne Gold der Gene" oder auch als das „Erdöl des Informationszeitalters" bezeichnet und stehen im Blickpunkt sehr verschiedener Interessen. Gleichzeitig wird von WissenschaftlerInnen und Umweltverbänden angemahnt, dass der Verlust der biologischen Vielfalt erschreckende Ausmaße angenommen hat und es sich bei diesem Verlust um eines der wichtigsten globalen ökologischen Probleme unserer Zeit handelt (vgl. WBGU 1999). Stehen sich häufig die Positionen von Industrie und Umweltschutzverbänden unvereinbar gegenüber, scheinen sich deren Anliegen bei dem Thema Biodiversität[1] zu überschneiden. Denn auch von den Life-Sciences Industrien, die genetische Ressourcen nutzen, ist zu hören, welch große Bedeutung die biologische Vielfalt hat. Und viele Regierungen haben erkannt, dass sie sich des Problems annehmen müssen. Die 1992 verabschiedete *Konvention über biologische Vielfalt* trifft diesen Nerv und scheint die verschiedenen Interessen von Umweltverbänden, Industrie und Regierungen in Einklang zu bringen. Schutz der biologischen Vielfalt und deren Nutzung und Kommerzialisierung sollen sich nicht mehr widersprechen. Im Gegenteil, die Kommerzialisierung und die Zuschreibung von Eigentumsrechten in Form von Patenten auf Teile der Natur werden als Möglichkeit gesehen, zu einem umfassenden Schutz der biologischen Vielfalt zu gelangen. Durch das Zusammenbringen von Naturschutz- und Kommerzialisierungsinteressen soll der Verlust der biologischen Vielfalt gestoppt werden.

Doch von immer mehr Menschen, insbesondere von traditionellen LandwirtInnen, indigenen Völkern und diese unterstützenden Organisationen, wird der Erfolg dieser Lösungsstrategie bezweifelt. Die Patentierung von genetischen Ressourcen wird von ihnen im Gegenteil stark kritisiert und als Biopiraterie, also als Raub und unrechtmäßige Aneignung von Teilen der Natur, bezeichnet. Die Patentierung führt aus dieser Sicht nicht zu einem Schutz der biologischen Vielfalt, sondern zerstört vielmehr diejenigen Gesellschaften und Kulturen, die bisher den größten Beitrag zum Schutz der Natur und zum Erhalt der Biodiversität geleistet haben. Der Kampf um das „grüne Gold der Gene" stellt sich hiernach als ein globales Konfliktfeld dar, in dem mächtige Akteure wie die Life Sciences Industrien und die Regierungen bestimmter Länder sich den exklusiven Zugriff auf die Bestandteile des Lebens – die Gene – sichern wollen und soziale Bewegungen vor allem aus dem „politischen Süden" (der sog. 3. Welt) Widerstand aufbauen und praktizieren und nach Alternativen außerhalb einer von marktwirtschaftlich-kapitalistischen Paradigmen geprägten Gesellschaft suchen.

Die Patentierung von genetischen Ressourcen im engeren Sinne ist seit etwa 20 Jahren möglich und gewinnt seit den 1990er Jahren an Bedeutung. Ziel des Buches ist es, die verschiedenen Ebenen, Interessen und Akteure in dem „Konfliktfeld Biodiversität" aufzuarbeiten und zu analysieren. Zentrales Anliegen dabei ist es, den in vielen Publikationen und internationalen Abkommen vorherrschenden Ansatz „Schutz der biologischen Vielfalt durch Privatisierung" kritisch zu hinterfragen und aufzuarbeiten, wie sich die Vergabe von Eigentumstiteln auf die Diversität der genetischen Ressourcen und auf gesellschaftliche Macht- und Herrschaftsverhältnisse auswirken könnte.

Bei dem Thema Biodiversität und dem Umgang mit genetischen Ressourcen handelt es sich um ein interdisziplinäres Forschungsfeld, das in der wissenschaftlichen Forschung seit Beginn der 1990er Jahre erheblich an Bedeutung gewonnen hat. Nicht nur die Naturwissenschaften, sondern auch verstärkt die Geisteswissenschaften interessieren sich für das Thema. Hierbei überschneiden sich naturwissenschaftliche, technische, naturschützerische, juristische, ökonomische und gesellschaftspolitische Aspekte.

Das erste Kapitel arbeitet den für diese Arbeit zentralen Begriff der „Biodiversität" auf und problematisiert ihn. Hierbei wird diskutiert, wie es zur Entstehung von biologischer Vielfalt kommt und wie es um den Zustand der Biodiversität weltweit steht. Weiterhin wird auf die Bedeutung indigener und traditioneller Umgangsweisen mit biologischen Ressourcen eingegangen, um schließlich die vorherrschenden Erhaltungsstrategien der Industrieländer hinsichtlich der Agrobiodiversität darzustellen.

Im zweiten Kapitel steht die Wirkungsweise von Patenten im Mittelpunkt. Nach der Beschreibung des Zusammenhangs von Patenten, biologischer Vielfalt und genetischen Ressourcen werden rechtliche Aspekte des geistigen Eigentums erörtert und der Einfluss der Biotechnologie auf die Rechtsentwicklung aufgezeigt. Für die Verrechtlichung mittels Patenten sind verschiedene Abkommen von großer Bedeutung, deren wichtigste Regelungen bezüglich der Patentierung von genetischen Ressourcen vorgestellt werden.

Im dritten Kapitel wird das Themenfeld mit Hilfe von Ansätzen aus der Regulationstheorie und der Politischen Ökologie theoretisch eingeordnet. In diesem Kapitel soll vor allem der Zusammenhang von Gesellschaft und Naturzerstörung dargestellt bzw. die Umgangsweisen von Gesellschaften mit der Natur und deren Auswirkungen auf die Natur aufgezeigt werden. Zentral hierfür ist der Begriff der

gesellschaftlichen Naturverhältnisse. Es geht um die regulations-
theoretische Einordnung der westlich-industriellen Umgangsweisen
mit der Umwelt in einen historischen Prozess, indem bestimmte
Formen der Aneignung von Natur und das Verhältnis von Gesellschaft und Natur als historische Kontinuität dargestellt werden. Es
werden wichtige Begriffe wie „Fordismus", „Postfordismus", „Globalisierung", „Hegemonie" u.a. eingeführt. Auch werden Ansätze der
Politischen Ökologie verwendet, um im Rahmen des vorher dargestellten politischen Rahmens zur Analyse von konkreten Fallbeispielen zu gelangen. Hierzu werden verschiedene Akteure im Konflikt
um die Aneignung genetischer Ressourcen benannt. Diese Akteure
nehmen eine zentrale Stellung für die Frage nach den Auswirkungen
der Patentierung genetischer Ressourcen ein. Die verschiedenen
Interessen, das Verhältnis der Akteure zueinander und die unterschiedlichen Machtpotentiale spielen hierbei eine wichtige Rolle.

Im vierten Kapitel werden drei Fallbeispiele dargestellt, bei denen es um die Aneignung, die Privatisierung und Kommerzialisierung
von genetischen Ressourcen geht. Ein Anliegen bei der Wahl dieser
Beispiele war, das breite Spektrum von Problemen aufzuzeigen, die
im Zusammenhang mit den geistigen Eigentumsrechten stehen. Es
wurden Beispiele aus Indien, Mexiko und Deutschland gewählt, die
trotz sehr verschiedener Akteurskonstellationen und verschiedenem
politischen, rechtlichen und ökologischen Kontext doch entscheidende Gemeinsamkeiten aufweisen.

Im fünften Kapitel erfolgt schließlich die Zusammenführung der
Darstellungen und Diskussionen aus den vorherigen Kapiteln, um
auf dieser Grundlage die Frage zu diskutieren und zu problematisie-
ren, inwieweit Patente zum Schutz von Biodiversität beitragen können. Hierbei wird ausführlicher auf traditionelles Wissen und traditionelle gesellschaftliche Naturverhältnisse eingegangen und die Frage
gestellt, wie sich deren Verhältnis zu geistigem Eigentum charakterisieren lässt und wie sich Patente auf diese traditionellen Strukturen
auswirken. Abschließend werden die vorgestellten internationalen
Abkommen verglichen und ihr Beitrag zum Schutz von Biodiversität
diskutiert. Die Analyse und Bewertung dieser Abkommen befasst
sich insbesondere mit den globalen Hegemonieverhältnissen und
den Durchsetzungs- und Machtpotentialen der einzelnen in die
Problematik involvierten Akteure, die den Inhalt der Abkommen
beeinflussten.

Bedanken möchte mich herzlich bei Dr. Gisela Dreyling, die durch
die Annahme und Betreuung der diesem Buch zugrunde liegenden
Diplomarbeit überhaupt erst die Möglichkeit für die Bearbeitung
eines interdisziplinären Themas innerhalb der Biologie geschaffen

hat. Auch danke ich der Heinrich-Böll-Stiftung, die mir durch die Finanzierung des Studiums und des Auslandsaufenthalts in Lateinamerika die finanziellen Sorgen genommen hat und so die Recherche von Biopiraterie in Mexiko ermöglichte. Meinen Eltern, Helga Wullweber und Jürgen Hoffmann, danke ich für logistische Unterstützung und die Übernahme der Druckkosten. Insbesondere möchte ich meiner Mutter für die kritische und unermüdliche Durchsicht dieses Buches danken. Auch Stefanie Bökenhauer hat mir diesbezüglich hervorragende Hilfe gewährt. Ruth Tippe danke ich für umfangreiche Diskussionen um die Bedeutung von Patenten. Claudia Schievelbein gab mir Anregungen zum Thema Nachbaugebühren. Und Achim Seiler danke ich für die umfangreiche Bereitstellung von Literatur, insbesondere zum TRIPs-Abkommen. Betti Süssemilch bin ich äußerst dankbar für die Begleitung durch die Hochs und Tiefs des Biologie-Studiums bis hin zur Diplomarbeit. Ganz besonders möchte ich mich auch bei Anika Bökenhauer und Jürgen Kraus bedanken, die nicht nur kritische, inhaltliche wie strukturelle, Impulse für meine Arbeit lieferten, sondern mir auch eine persönliche und emotionale Umgebung schufen, ohne die die Diplomzeit sicherlich trister und eintöniger geworden wäre.

Und schließlich wäre dieses Buch ohne die Einbindung in politische Zusammenhänge nicht möglich gewesen. Ich danke daher den MitstreiterInnen der BUKO-Kampagne gegen Biopiraterie und der Gruppe I.N.K.A.K. für die vielen kontroversen Diskussionen, Ideen und ihr kontinuierliches Engagement, das mich sehr für diese Arbeit motivierte. Insbesondere Gregor Kaiser hat die Arbeit mit inhaltlicher Kritik begleitet. Dies hat mir immer wieder die Kraft gegeben, nicht an den herrschenden Machtverhältnissen zu verzweifeln, sondern mit Mut und Lust gegen diese Verhältnisse zu opponieren und Alternativen zu entwickeln.

Hamburg/Berlin, Dezember 2003
Joscha Wullweber

1. Die Bedeutung und der Verlust von Biodiversität

Der Begriff der „Biodiversität" beschreibt einen Zusammenhang zwischen der Diversität der Gene, der Arten und der Ökosysteme. Gleichzeitig ist der Begriff zu einer Zeit geprägt worden, da der Verlust von biologischer Vielfalt weltweit immer stärkere Beachtung erfuhr. Biologische Vielfalt ist sehr ungleich auf der Erde verteilt und besonders traditionelle Kulturen und indigene Völker haben eine wichtige Bedeutung für deren Erhalt. Auch in den industrialisierten Ländern gibt es verschiedene Ansätze, biologische Vielfalt zu bewahren und zu schützen.

1.1 Das biologische Konzept von Biodiversität

Der Begriff „Biodiversität" wurde erstmals 1986 auf der Konferenz des „National Forum on BioDiversity" in Washington, D.C. in der breiteren wissenschaftlichen Öffentlichkeit diskutiert.[2] Der Begriff soll einen biologischen Bedeutungskomplex beschreiben, der sich aus der Diversität (Vielfalt) der Gene, der Diversität der Arten und der Diversität der Ökosysteme zusammensetzt. Das Übereinkommen über die biologische Vielfalt (Convention on Biological Diversity – CBD)[3] definiert biologische Vielfalt als

„die Variabilität unter lebenden Organismen jeglicher Herkunft, darunter unter anderem Land-, Meeres- und sonstige aquatische Ökosysteme und die ökologischen Komplexe, zu denen sie gehören; dies umfasst die Vielfalt innerhalb der Arten und zwischen den Arten und die Vielfalt der Ökosysteme" (CBD: Artikel 2).

Solbrig (1991: 12) versteht unter Biodiversität „Number and quality of different biological systems and interactions on all hierarchical levels within certain dimensions of time and space." Oft wird Biodiversität mit Artenvielfalt gleichgesetzt. Doch der Begriff bezieht sich nicht nur auf Arten, sondern schließt die gesamte Bandbreite an Variabilität zwischen Systemen und Organismen ein. Es werden drei Ebenen unterschieden (WBGU[4] 2000: 12):
1) Die Diversität der Gene repräsentiert die Vielfalt der Gene und Nukleotidsequenzen innerhalb von Populationen.
2) Die Diversität der Arten beschreibt die Vielfalt zwischen taxonomischen[5] Gruppen wie Stämmen, Familien, Gattungen bis hin zu Arten.
3) Die Diversität der Ökosysteme fasst die Vielfalt von Biomen[6], Landschaften und Ökosystemen bis hin zu ökologischen Nischen zusammen.

In der ersten Spalte von Tab.1 ist die hierarchische Gliederung der Diversität der Gene dargestellt. Die Diversität der Gene wird in Populationen eingeteilt, die aus verschiedenen Individuen zusammengesetzt sind. Die Individuen haben jeweils verschiedene Chromosomen mit verschiedenen Genen, welche wiederum aus verschiedenen Nucleotiden bestehen. Auch die Diversität der Arten und die Diversität der Ökosysteme unterteilen sich in verschiedene Hierarchiestufen. Es gibt bis heute keine klare wissenschaftliche Definition des Begriffs „Biodiversität". Die einzelnen Teildisziplinen der Biologie, wie die Taxonomie, die Systematik, die Ökologie und die Populationsgenetik, beziehen sich meist auf Teilaspekte des Begriffs (vgl. Swingland 2001: 389; Hertler 1998). Daher stellen die folgenden Kapitel eine konzeptuelle Annäherung an den Begriff dar. Weiterhin ist die Entstehung des Biodiversitätsbegriffs in hohem Grade interessengeleitet: „Biodiversität ist vielmehr der Nenner einer spezifischen Vergesellschaftung von Natur in einem deutlich politisch determinierten Umfeld" (Flitner 1999: 54). Der Entstehungsprozess des Begriffs wird in dieser Arbeit nicht weiter verfolgt (vertiefend sei verwiesen auf Flitner 1995: 231ff; Flitner 1999: 53ff.; Pohl 2003).

Tab. 1: Die drei Ebenen der Biodiversität und deren hierarchische Gliederung

Diversität der Gene	Diversität der Arten	Diversität der Ökosysteme
Populationen	Reiche	Biome
Individuen	Stämme	Bioregionen
Chromosomen	Familien	Landschaften
Gene	Gattungen	Ökosysteme
Nukleotide	Arten	Habitate
	Unterarten	Nischen
	Populationen	Populationen
	Individuen	

Quelle: Heywood/Batson 1995: 10, verändert

1.1.1 Diversität der Gene

Gene sind die Träger der Erbinformation der Organismen. Die Vielfalt dieser Information beruht auf vier unterschiedlichen Basen. Durch Gruppierung dieser Basen in Form eines Codes ist es möglich, umfangreiche Datenmengen in Form von Desoxyribonukleinsäure (engl.: DNA) zu speichern. Hierbei werden jeweils drei Basen zu einem „Triplett-Code" zusammenfasst und eine unterschiedliche Anzahl dieser Tripletts bildet bestimmte Einheiten – die Gene. Die entscheidende Information zur Generierung von Organismen liegt in der spezifischen Codierung und Aneinanderreihung von Aminosäuren, was schließlich zur Synthese von Proteinen führt.[7] Die Gesamtheit der Erbinformationen eines Organismus ist im sogenannten „Genom" gespeichert. Es konnte allerdings bisher nicht geklärt werden, was genau ein Gen darstellt.[8] Genetische Diversität beschreibt die Vielzahl an unterschiedlichen Genotypen[9] innerhalb einer Art. Die Gesamtheit der Gene innerhalb einer Art oder Population wird als „Genpool" bezeichnet (vgl. Hagemann 1999: 389). Wenn die Größe einer Population abnimmt, so verringert sich die Diversität der Gene. Wird eine Population sehr klein, schränkt das die Vermehrungsfähigkeit ein und es kann zum Aussterben dieser Population bzw. dieser Art kommen. Eine Abnahme der Diversität der Gene kann so auch zu einer Verringerung der Diversität auf der Ebene der Arten führen. Anders formuliert: Eine hohe genetische Diversität in einem Genpool gewährleistet eine bessere Anpassungsfähigkeit an sich verändernde Umweltbedingungen und mindert die Aussterbewahrscheinlichkeit einer Art (vgl. Hertler 1999: 47).

1.1.2 Diversität der Arten

In der Biologie werden Organismen zur Systematisierung in Arten eingeteilt. Es existieren verschiedene Artbegriffe, wovon der morphologisch-anatomische und der biologische Artbegriff die wichtigsten sind.[10] Eine Art kann aus verschiedenen Populationen bestehen, die über den ganzen Globus verteilt sind. Die Populationen bilden an den jeweiligen Orten Fortpflanzungsgemeinschaften, was bedeutet, dass ein Austausch von genetischer Information gewährleistet ist.[11] Die Diversität der Arten beschreibt die Anzahl an Arten innerhalb eines bestimmten Gebietes.[12] Sie ist hoch, wenn die Dichte der Arten pro Flächeneinheit hoch ist. Auch wenn es in der Biologie verschiedene Methoden zur Erfassung der Diversität der Arten gibt, ist daraus noch keine Qualität von Biodiversität als solcher abzuleiten und sind keine normativen Schlussfolgerungen in Hinsicht auf die „besseren" Ökosysteme möglich. Begon et al. (1998: 621) fragen daher: „Weist eine Wiese mit zwei Grasarten eine höhere Biodiversität auf als eine mit einer Grasart und einem Kaninchen? Ist eine Pflanze mit polymorphen Blättern diverser als eine monomorphe? Trägt ein Baum mehr zur Biodiversität bei als ein Tier, weil er mehr Ressourcen für andere Spezies liefert?" Auch wenn bereits viele Arten beschrieben wurden, ist die weltweite Anzahl an Arten ungeklärt. Bisher wurden etwa 1,75 Mio. Arten beschrieben (vgl. BML 2000: 2). Die

Schätzungen über die Anzahl der Arten weltweit gehen weit auseinander.[13] Dies liegt vor allem an den verschiedenen Methoden, wie von den bereits bekannten Arten auf die potentiell existierenden Arten hochgerechnet wird.[14] Es gibt daher nur eine sehr geringe Abschätzsicherheit der Gesamtartenzahl (Tab. 2).

In Tab. 2 ist der hohe Anteil der Insekten an den bekannten Arten zu erkennen. Auch die Gefäßpflanzen sind im Vergleich zu anderen Organismengruppen gut beschrieben. Der Tabelle ist weiterhin zu entnehmen, dass die meisten Arten, insbesondere Organismengruppen der Viren, Bakterien und Pilze bisher noch nicht bekannt sind. Auch in den Gruppen der Algen, Fadenwürmer und Spinnentiere

Tab. 2: Abschätzung der weltweiten Artenanzahl verschiedener Organismengruppen (Einteilung nach Heywood)

Gruppe	Beschriebene Arten	Geschätzte Anzahl von Arten		
		Untergrenze	Arbeitsschätzung	Obergrenze
Viren	4.000	50.000	400.000	1.000.000
Bakterien	4.000	50.000	1.000.000	3.000.000
Pilze	72.000	200.000	1.500.000	2.000.000
Einzeller	40.000	60.000	200.000	200.000
Algen	40.000	150.000	400.000	1.000.000
Gefäßpflanzen	270.000	300.000	320.000	500.000
Fadenwürmer	25.000	100.000	400.000	1.000.000
Krebstiere	40.000	75.000	150.000	200.000
Spinnentiere	75.000	300.000	750.000	1.000.000
Insekten	950.000	2.000.000	8.000.000	100.000.000
Mollusken	70.000	100.000	200.000	200.000
Wirbeltiere	45.000	50.000	50.000	55.000
Rest	115.000	200.000	800.000	800.000
Gesamt	1.750.000	3.635.000	13.620.000	110.995.000

Quelle: Heywood 1997, zit. n. WBGU 2000: 38, verändert

gibt es noch viele nicht entdeckte Arten. Einzig die Gefäßpflanzen, die Mollusken und Wirbeltiere scheinen relativ gut erforscht zu sein. Insgesamt ist festzustellen, dass die Wahrscheinlichkeit, die Gesamtartenzahl sicher abzuschätzen zu können, sehr gering ist. Auch sind viele Gebiete, wie z.B. der Grund der Tiefsee, die Korallenriffe oder der Erdboden von tropischen Wäldern noch weithin unerforscht (vgl. Wilson 1992: 21f.).

1.1.3 Diversität der Ökosysteme

Aus biologischer Sicht sind die Organismen eines Ökosystems untrennbar mit der sie umgebenden abiotischen (unbelebten) Umwelt verbunden, die biotischen und abiotischen Komponenten bedingen und beeinflussen sich gegenseitig. In der CBD bezeichnet der Begriff Ökosystem „einen dynamischen Komplex von Gemeinschaften aus Pflanzen, Tieren und Mikroorganismen sowie deren nicht lebender Umwelt, die als funktionelle Einheit in Wechselwirkung stehen" (CBD Art. 2). Ökosysteme sind nicht statisch, sondern befinden sich in einem ständigen Fluss. In der Ökologie werden diese gerichteten Prozesse als Sukzession bezeichnet (vgl. Odum 1999: 289ff.). Die Diversität innerhalb von Ökosystemen wird u.a. durch das jeweilige Sukzessionsstadium bestimmt. Allgemein werden zwei Formen von Sukzession unterschieden, die Primärsukzession und die Sekundärsukzession. Unterschiedliche Ökosystemtypen sind z.B. das offene Meer, Seen, Flüsse, Tundren, Laubwälder, Wüsten etc. Die Gesamtheit der Ökosysteme wird als Biosphäre bezeichnet. Es handelt sich hierbei um den gesamten, von Leben erfüllten Raum der Erde (vgl. WBGU 2000: 37).

1.2 Entstehung und Verlust von biologischer Vielfalt

Die Entstehung und der Verlust von Biodiversität müssen auf zwei Gebieten betrachtet werden. Auf der einen Seite gibt es die vom Menschen wenig beeinflusste sogenannte „natürliche Biodiversität". Diese ist zu unterscheiden von der vom Menschen stark beeinflussten und genutzten Biodiversität, der sogenannten „Agrobiodiversität". Dieses Buch beschäftigt sich überwiegend mit letzterer. Dabei muss angemerkt werden, dass sich keine scharfe Trennlinie ziehen lässt. Denn in bestimmten Kulturen wurden Bewirtschaftungsformen entwickelt, in denen es nicht zu einer Trennung von „genutzter" und „ungenutzter" Natur kommt (vgl. Kap. 1.4.2).

1.2.1 Biologische und genetische Ressourcen

Der Begriff „biologische Ressource" hebt den wirtschaftlichen Charakter, der sich aus der Nutzung der Biodiversität ergibt, hervor. Er wird in der CBD beschrieben und schließt „genetische Ressourcen, Organismen oder Teile davon, Populationen oder einen anderen biotischen Bestandteil von Ökosystemen ein, die einen tatsächlichen oder potentiellen Nutzen oder Wert für die Menschheit haben" (CBD Art. 2). Biologische Ressourcen können demnach z.B. Wälder, Brachflächen, Fließgewässer, Fische und andere Fluss- und Meerestiere, wilde Gemüse- und Medizinalpflanzen, Wildtiere und Nicht-Holzprodukte des Waldes sein. Der Begriff der „genetischen Ressourcen" unterscheidet sich von dem Begriff der „biologischen Ressourcen" durch eine gegenständliche Eingrenzung, indem hierzu nur das „genetische Material" zählt und der Wert der Ressourcen in der Information und nicht in den physikalischen Eigenschaften liegt (vgl. Henne 1998: 41). Genetisches Material ist jedes Material pflanzlichen, tierischen oder mikrobiellen Ursprungs, das funktionelle Einheiten von Erbinformationen enthält. Es kann als Teilmenge der biologischen Ressourcen angesehen werden. Vor allem die pflanzengenetischen Ressourcen (Plant Genetic Ressources – PGR) sind hier von Interesse, die nach Definition der *Food and Agriculture Organisation* (FAO 1994) „alles generative oder vegetative Reproduktionsmaterial von Arten mit ökonomischen und/oder sozialem Wert" beinhalten. Die PGR sind sowohl für den pharmazeutischen als auch für den Agrarbereich von Bedeutung, da sich aus ihnen potentiell vermarktungsfähige Produkte herstellen lassen können und die Pflanzenzüchtung ständig auf neues genetisches Material angewiesen ist (s. Kap. 2.4). Natur oder Biodiversität als solche kann nicht kommerzialisiert werden, wohl aber ihre Bestandteile in Form biologischer und genetischer Ressourcen. Auch lassen sich auf PGR Patente anmelden (s. Kap. 2.5.2). Somit beziehen sich beide Begriffe auf menschliche Zweckbestimmungen und Nützlichkeitserwägungen (vgl. Wolfrum/Stoll 1996: 22). Flitner (1995: 231ff.) führt aus, dass es Ende der 1980er Jahre zu einem Begriffswechsel kam. Statt des Begriffs „genetische Ressourcen" wird immer häufiger der Begriff „Biodiversität" verwendet. Dieser Wechsel findet in einer Phase statt, in der besonders die genetischen Ressourcen durch die neuen Biotechnologien an Bedeutung gewinnen.

1.2.2 Entstehung der Diversität der Arten

Im Folgenden werden zuerst die natürlichen, daher nicht vom Menschen beeinflussten Entstehungsprozesse von Arten dargestellt und anschließend die Entstehung von Arten und Sorten durch menschliche Aktivitäten und insbesondere durch die Nutzpflanzenzüchtung erläutert.

1.2.2.1 Natürliche Entstehungsprozesse von Arten

Arten entstehen durch evolutive Prozesse. Der Übergang von einer Art zu einer neuen Art ist durch Entstehung von Kreuzungsbarrieren charakterisiert. Hierbei nehmen räumliche Barrieren bzw. räumliche Isolation eine wichtige Rolle für die Entstehung neuer Arten ein. Je differenzierter ein Gelände ist und je mehr potentielle ökologische Nischen von Organismen besetzt werden können, desto größer ist die Wahrscheinlichkeit für die potentielle Entstehung neuer Arten (vgl. Begon et al. 602ff.; Weizsäcker 1995: 67). Auf der Grundlage des biologischen Artbegriffs können evolutionstheoretisch zwei verschiedene Formen der Artbildung diskutiert werden, die Artumwandlung und die Speziation. Bei der Artumwandlung entsteht aus einer Art A direkt die Art B. Hierbei kommt es zu keiner Veränderung der Artendiversität. Bei der Speziation hingegen differenziert sich die Art A in mehrere Arten B, C, D.[15] Die Biodiversität nimmt also zu (vgl. Gaston 2000; AG Biopolitik 1998: 178). Seit Leben als solches bzw. lebende Organismen vor etwa vier Mrd. Jahren entstanden sind, hat sich die Anzahl an Arten kontinuierlich erhöht, auch wenn es im Laufe der Erdgeschichte immer wieder zu größeren Aussterbeereignissen gekommen ist (vgl. WBGU 2000: 37).[16]

1.2.2.2 Entstehung von Agrobiodiversität durch den Menschen

Als der Mensch vor etwa 10.000 Jahren mit Ackerbau und Viehzucht begann, griff er erstmals systematisch und auf immer größeren Gebieten in die Natur ein.[17] Durch diesen Eingriff wurde aber nicht nur Natur zerstört, sondern es entstanden auch neue Ökosysteme. Mitteleuropa war z.B. vor den größeren Eingriffen des Menschens ein fast flächendeckendes Waldgebiet. Durch Abholzung wurde einerseits Lebensraum zerstört, andererseits aber auch die Möglichkeiten für ökologische Nischenbildungen geschaffen (vgl. Oetmann-Mennen/Begemann 1998: 37).[18] In dieser Zeit wurden verschiedene Pflanzen- und Tierarten domestiziert. Der Erfolg der landwirtschaftlichen Produktion liegt in der künstlichen Unterdrückung natürlicher Konkurrenten. Unkräuter (Beikräuter[19]), Parasiten und natürliche Feinde der Nutzpflanzen werden bekämpft. Durch den Eingriff des Menschen hat sich die genetische Vielfalt der Nutzpflanzen und -tiere erhöht, denn durch Züchtungsmethoden ist es zu einer wesentlich stärkeren genetischen Differenzierung gekommen, als das unter von Menschen unbeeinflussten Umständen erfolgt wäre. Die Anzahl der vom Menschen genutzten Arten ist allerdings im Vergleich zur natürlichen Artenvielfalt sehr gering. Nach BML (2000: 2f.) werden heute für die Zwecke der Landwirtschaft global 21 Tier- und 7.000 Pflanzenarten genutzt, wovon sieben Tier- und dreißig Pflanzenarten die Hauptquelle der menschlichen Ernährung darstellen. Diese dreißig Pflanzenarten bilden mit insgesamt etwa 95% die Hauptnahrungsquelle für die Menschheit. Davon wiederum entfallen ganze 56% auf nur drei Arten: Weizen, Mais und Reis (vgl. BML 2000: 26). Abb.1 stellt den Anteil der wichtigsten Kulturpflanzen der Menschen dar.

Die durch den Menschen entstandene Vielfalt findet sich also weniger in Pflanzenarten als in den Sorten der einzelnen Arten. Eine Sorte oder Cultivar (lat. cultus = angebaut, varietas = Abart) ist eine gezüchtete Pflanzenlinie, die auf einen Standardtyp hin streng ausgelesen ist, oder ein in Kultur entstandener Klon[20]. Sie ist durch drei Merkmale definiert: Sie muss erstens einheitlich sein, zweitens auch unter unterschiedlichen Standortbedingungen die gleichen Merkmale aufweisen, also beständig sein, und sich drittens in einem maßgebenden Merkmal von anderen Sorten unterscheiden (vgl. Schievelbein 2000: 145). Es handelt sich um die niedrigste taxonomische Einheit der Kulturpflanzen (vgl. Schubert/Wagner 1993).[21] Die Anfänge des Ackerbaus und die systematische Förderung bestimmter Sorten wurden vor allem von Frauen praktiziert, da sich besonders Frauen mit Ackerbau beschäftigten (vgl. Schwanitz 1967: 16f.). Die ersten „Sorten" entstanden vor allem durch Ausleseprozesse. So konnten z.B. die Karyopsen (Früchte der Süßgräser) besser geerntet werden, die länger am Halm der Gräser blieben als andere, die bereits frühzeitig abfielen. Durch das verstärkte Ernten dieser Varietäten und das Wiederaussäen wurde dieses Merkmal gefördert und es entwickelten sich schließlich eigene Sorten, die unter natürlichen Bedingungen, also ohne Zutun des Menschen, nicht in der Natur dominieren würden (vgl. Mooney/Fowler 1991: 15f.).[22] Im Laufe der Jahrhunderte wurden die Methoden der Auslese und Züchtung feiner und die so genannten Landsorten entstanden.[23] Diese zeichnen sich dadurch aus, dass es sich um lokal angebaute Sorten handelt, die durch LandwirtInnen in einem langen Prozess an die speziellen Umweltbedingungen des jeweiligen Gebietes angepasst wurden (vgl.

Abb. 1: Graphische Darstellung des prozentualen Anteils der wichtigsten Kulturpflanzen für die Welternährung

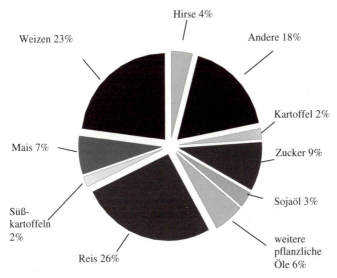

Hirse 4%
Weizen 23%
Andere 18%
Kartoffel 2%
Mais 7%
Zucker 9%
Sojaöl 3%
Süßkartoffeln 2%
Reis 26%
weitere pflanzliche Öle 6%

Quelle: FAO 1996, verändert

BML 1995: 17). Heute spielen diese Landsorten immer noch in vielen südlichen, nicht industrialisierten Ländern eine wichtige Rolle. In den meisten Industrieländern wurden diese allerdings durch Sorten ersetzt, die von der modernen Pflanzenzüchtung entwickelt wurden.[24] Durch gezielte Methoden der Domestifikation wird die Nutzpflanze zur Kulturpflanze. Kulturpflanzen bedürfen meist der Pflege durch den Menschen, da sie unter natürlichen Bedingungen den Wildpflanzen unterlegen sind (vgl. Schuber/Wagner 1993: 287f.). Auch bestimmte Pflanzenarten, die vormals als Unkräuter (Beikräuter) angesehen wurden, können sich als potentielle Nutzarten herausstellen. Die moderne Pflanzenzüchtung entstand Ende des 19. Jahrhunderts und löste sich von der bis dahin gültigen einfachen Massenauslese ab. Sie basierte vor allem auf den wiederentdeckten Erbgesetzen Gregor Mendels (1822-1884), der Mitte des 19. Jahrhunderts ein theoretisches Modell für die Weitergabe bestimmter Eigenschaften auf die nächsten Generationen entworfen hatte. Auf dieser Grundlage konnte die Kombinationszüchtung systematisch entwickelt und ausgebaut werden, indem bestimmte, ungewünschte Merkmale ausgekreuzt oder gewünschte Merkmale eingekreuzt wurden. Das Endprodukt ist eine sogenannte „reine Linie", also eine Sorte, die in ihren Merkmalen stabil ist und diese auf die nächsten Generationen reproduziert (vgl. Flitner 1995: 37ff.; Mooney/Fowler 1991: 62ff.).

1.2.3 Verlust von biologischer Vielfalt

In der Geschichte der Erdentwicklung ist es immer wieder zu massiven Aussterbeereignissen gekommen. Heute sind von allen jemals existierenden Arten weniger als 1% erhalten (vgl. Simpson 1952). Begon et al. (1998: 623) errechnen, dass ausgehend von einer globalen Anzahl von 10 Mio. Arten und einer durchschnittlichen Überlebensdauer von 1-10 Mio. Jahren, die natürliche, also vom Menschen unbeeinflusste, Aussterberate in etwa bei 1-10 Arten pro Jahr liegen müsste.[25] Das entspräche einer Quote von ca. 0.001-0.01% der gesamten Arten pro Jahr. Verglichen damit liegt die gegenwärtige Aussterberate bei Vögeln und Säugern bei etwa 1% pro Jahr, ist daher etwa 100 bis 1.000 Mal höher als der zu erwartende empirische Wert. Diese Steigerung ist nach Begon et al. (1998: 622f.) vor allem auf den Menschen zurückzuführen. Nach Berechnungen von Wolters (1995: 24f.) liegt die durch den Menschen verursachte Aussterberate sogar zwischen 1.000 und 40.000 Mal höher als die natürliche Aussterberate. Das Bundesministerium für Ernährung, Landwirtschaft und Forsten (BML 2000: 8) bemerkt hierzu: „Zur Zeit ist kaum abschätzbar, wie ein Absinken von Biodiversität die Funktionsfähigkeit von Ökosystemen beeinflusst." In Tab. 3 ist die Dimension der Gefährdung von Arten zusammengestellt. Aus ihr wird ersichtlich, dass es große Unterschiede in Bezug auf den Gefährdungsgrad der Arten zwischen den einzelnen Ländern gibt.[26] Insgesamt liegt der Gefährdungsgrad in den Industrieländern wie den USA und der BRD um ein Vielfaches höher als in anderen Ländern. Es gibt verschiedene Ursachen, die den Verlust von Biodiversität bewirken. In diesem Buch wird nur der Einfluss des Menschen auf die Biodiversität untersucht. Andere Ursachen werden nicht näher thematisiert.

1.2.3.1 Durch den Menschen bewirkter Verlust von natürlicher Biodiversität

Menschliche Aktivitäten können auf verschiedene Weise umweltzerstörend sein und damit zum Verlust von Biodiversität führen (vgl. WBGU 2000: 19ff.):
1) durch die Konversion (Umwandlung) von Ökosystemen, also durch die Umwandlung von vormals kaum durch Menschen beeinflusste in stark anthropogen beeinflusste Gebiete. Hierbei handelt es sich häufig um irreversible Prozesse.

Tab. 3: Anzahl der höheren Pflanzenarten und ihre geschätzte
Gefährdung in den neun artenreichsten Ländern
und der BRD

Land	Anzahl der höheren Pflanzenarten	Anzahl gefährdet	gefährdet [%]
Brasilien	56.215	1.358	2,4
Kolumbien	51.220	712	1,4
China	32.200	312	1,0
Indonesien	29.375	264	0,9
Mexiko	26.071	1.593	6,1
Südafrika	23.420	2.215	9,5
GUS-Staaten	22.000	214	1,0
Venezuela	21.073	426	2,0
USA	19.473	4.669	24,0
BRD	2.682	900	33,6

Quelle: IUCN 1998, zit. n. WBGU 2000: 40, verändert

2) durch die Degradation (ökologische Abwertung)[27] von Ökosystemen, also durch eine allmähliche Veränderung und verstärkte anthropogene Prägung eines Ökosystems, an dessen Ende die Konversion stehen kann.[28]
3) durch Einführung gebietsfremder Arten durch anthropogene Artverschleppung.
4) durch zunehmende Übernutzung von biologischen Ressourcen.
Tab. 4 kann entnommen werden, dass weltweit gut drei Viertel der Landfläche (ohne Fels- und Eisgebiete und unfruchtbares Land) anthropogen beeinflusst sind.[30] Außerdem gibt es große Unterschiede zwischen z.B. Europa, als sehr stark vom Menschen besiedelter Kontinent, und Afrika und Südamerika, die im Verhältnis dazu nicht so stark anthropogen geprägt sind. Im Hinblick auf die Nutzung pflanzengenetischer Ressourcen ist der Verlust an Biodiversität und insbesondere an Arten interessant und problematisch, da mit dem Verlust biologischer Vielfalt auch potentiell für den Menschen nutzbare Arten verschwinden. Nachfolgende Tab. 5 veranschaulicht, was nach Schätzung des BML (2000) für ein Potential in der natürlichen, noch nicht vom Menschen erschlossenen, Biodiversität enthalten sein könnte.

Wie sich Tab. 5 entnehmen lässt, beträgt im Bereich der Nahrungspflanzen die Menge an potentiell nutzbaren Pflanzenarten wahrscheinlich gut das Vierfache dessen, was bisher genutzt wird. Auch im Be-

Tab. 4: Menschliche Beeinflussung von Ökosystemen[29]

Kontinent	Fläche [km²]	Ungestört [%]	Teilweise vom Menschen geprägt [%]	Stark vom Menschen geprägt [%]
Europa	5.759.321	15,6	19,6	64,9
Asien	53.311.557	42,2	29,1	28,7
Afrika	33.985.316	48,9	35,8	15,4
Nordamerika	26.179.907	56,3	18,8	24,9
Südamerika	20.120.346	62,5	22,5	15,1
Australien	9.487.262	62,3	25,8	12,0
Antarktis	13.208.983	100,0	0,0	0,0
Welt gesamt	162.052.691	51,9	24,2	23,9
Welt gesamt (ohne Fels- und Eisgebiete sowie unfruchtbares Land)	134.904.471	27,0	36,7	36,3

Quelle: WBGU 2000: 20, verändert

reich der Medizinalpflanzen besteht noch großes Nutzungspotential. Allerdings sind nur Pflanzen aufgelistet, die einen direkten Wert für Landwirtschaft und Ernährung haben könnten (denn rein theoretisch können alle PGR für die Life Sciences Industrie interessant sein.

1.2.3.2 Durch den Menschen bewirkter Verlust von Agrobiodiversität

Die moderne Landwirtschaft basiert nur auf relativ wenigen Pflanzenarten und -sorten. Besonders in den Industriestaaten wird in der Landwirtschaft überwiegend eine relativ kleine Anzahl an Hochleistungssorten[31] angebaut. Beispielsweise werden in Deutschland auf den etwa 17,3 Mio. Hektar landwirtschaftlich und gartenbaulich genutzten Flächen auf 6,4 Mio. Hektar (ca. 37%) nur sieben Getreidearten mit jeweils nur wenigen Sorten angebaut (vgl. Oetmann-Mennen/Begemann 1998: 42).[32] Die Pflanzenzüchtung ist regelmäßig auf neue genetische Ressourcen, also auf das Einkreuzen von traditionellen, aus den Ursprungsländern stammenden bzw. noch nicht hochgezüchteten Landsorten, angewiesen. So enthält z.B. jede in der USA angebaute Sojapflanze wie auch jede in der BRD angebaute Gerste Gene von Sorten aus südlichen Ländern, die irgendwann

24

Tab. 5: Auswahl genutzter und potentiell nutzbare Pflanzenarten
aus verschiedenen Nutzpflanzenbereichen

Verwendungsgebiet	genutzte Arten	potentiell nutzbar
Nahrungspflanzen	7.000	30.000
Medizinalpflanzen	25.000	20.000
Holznutzung	10.000	?
Faserpflanzen	5.000	?
Zierpflanzen	15.000	?
Wissenschaft	2.000	?
Gesamt	64.000	50000 + ?

Quelle: nach Schätzungen des BML (2000), verändert

einmal eingekreuzt worden sind. Das Einkreuzen von ursprünglichen Sorten erfolgt (vgl. BML 2000: 77f.):
- zur Verbesserung von Krankheitsresistenzen bei Nutzorganismen
- zur Erhöhung der Erträge
- zur Veränderung von Produkteigenschaften (z.b. Fettsäurezusam-
  mensetzung beim Rapsöl)
- zur Einführung neuer Produkte (z.B. Lein, Hanf).
Landsorten haben den Vorteil, dass sie eine ganze Anzahl an mög-
lichen Resistenzen enthalten können, da sie sich in der Natur gegen
den Angriff vieler Schädlinge und Krankheiten behauptet haben. So
entstanden die bekannten kanadischen Weizensorten durch Kreuzung von Sorten und Landsorten aus Australien, England, Kenia,
Ägypten, Indien, Polen, Portugal und dem mittleren Osten (vgl.
Mooney/Fowler 1991: 68f.). Die Landsorten haben also eine große
Bedeutung für die Pflanzenzüchtung. Doch ihre Vielfalt hat bereits
rapide abgenommen:

„In den 70er Jahren stellten wir plötzlich fest, daß mexikanische Farmer hybride Maissamen von einer Saatgutfirma ... anbauten, daß tibe-
tanische Bauern Gerste aus einer skandinavischen Pflanzenzuchtstation
aussäten und dass türkische Landwirte Weizen aus dem mexikanischen
Weizenzuchtprogramm verwendeten. Jedes dieser klassischen Gebiete
artspezifischer genetischer Vielfalt wird zu einem Anbaugebiet mit
gleichförmigen Saaten" (Garrison Wilkens, zitiert aus: Mooney/Fowler
1991: 73).

Tab. 6 zeigt das Ausmaß des Verlustes an Kultursorten in Deutschland in den 1930er Jahren. In dieser Zeit kam es hier zu einem massiven Verlust an Pflanzensorten. Diese Sorten waren im Handel nicht
weiter verfügbar (vgl. Flitner 1995: 82f.). Auch wenn die Abnahme

Tab. 6: Abnahme einer Auswahl an Kulturarten zwischen 1933 und 1938 in Deutschland

Kulturart	Anzahl der Sorten vor 1933	Anzahl der Sorten 1938
Winterroggen	79	14
Winterweizen	348	45
Sommerweizen	106	14
Wintergerste	46	16
Sommergerste	183	26
Hafer	225	35
Mais	32	13
Kartoffeln	577	64
Runkelrüben	154	20
Zuckerrüben	66	27
Summe	1816	274

Quelle: Flitner 1995: 82, verändert[33]

der Sorten in Deutschland einen speziellen politischen Hintergrund hatte (vgl. Kap. 5.3), ist dieser Rückgang in ähnlichem Ausmaß auch für andere Länder charakteristisch.[34] Bei dem Verlust der Agrobiodiversität spielt vor allem der Verlust an Sorten, also die Dezimierung des Genpools innerhalb einer Art, eine Rolle. Von Interesse ist in diesem Fall die Diversität der Gene und weniger die Diversität der Arten. Die verlorenen Sorten stehen nicht mehr für mögliche Einkreuzungen zur Verfügung, womit bestimmte Eigenschaften, wie Resistenzen oder andere Qualitäten, verloren gehen. Die Abnahme der Sortenvielfalt ist nun kein natürlich stattfindender Prozess, sondern vor allem durch tief greifende Veränderungen im landwirtschaftlichen Bereich zu erklären. Diese Veränderungen sind direkt auf staatliche Politik und die Interessen von ZüchterInnen bzw. der Agroindustrie zurückzuführen. Global hängt dieser Verlust eng zusammen mit der so genannten „Grünen Revolution". Dieser Begriff beschreibt eine umfassende, staatlich geplante Modernisierung der Landwirtschaft, die mit Beginn in den 1950er und verstärkt in den 1960er und 1970er Jahren in vielen Regionen der Welt durchgeführt wurde und auf biologischen (Hochleistungssaatgut), technischen (Anbaumethoden, großflächiger Einsatz von Maschinen) und chemischen (Pestizide, Dünger) Neuentwicklungen basierte (vgl. Mooney/ Fowler 1991: 74ff.; Pelegrina 2001: 23ff.). Diese Neuentwicklungen führten zu Ertragssteigerungen in der Landwirtschaft und gleichzeitig zu umfassenden gesellschaftlichen und landwirtschaftlichen Umstrukturierungen. Die Ertragssteigerungen beruhen auf vier Faktoren (vgl. WGBU 2000: 81):

a) Dominanz einiger weniger Arten im Agrarsystem
b) Dominanz weniger, leistungsfähiger Genotypen innerhalb der Arten
c) Schaffung optimaler Bedingungen für die gewählten Arten und Genotypen, u.a. durch Dünger und Pestizideinsatz und Mechanisierung der Landwirtschaft.

Die Diskussion, inwieweit die Grüne Revolution im Ganzen gesehen wirklich zu Ertragssteigerungen geführt hat, soll an dieser Stelle nicht ausgeführt werden.[35] Angemerkt sei, dass die Ertragssteigerung sich auf bestimmte Gebiete beschränkt hat und meist auch nur dann eintrat, wenn gleichzeitig die Bodenbearbeitung mechanisiert, Bewässerungssysteme angelegt und Dünger und Pflanzenschutzmittel eingesetzt wurden. Vor allem aber wurden durch die Grüne Revolution die regionalen, über einen langen Zeitraum angebauten, ökologisch optimal an die vorherrschenden Boden- und Niederschlags-, Temperatur-, Düngungs- und Anbauverhältnisse angepassten Landsorten verdrängt und durch einige wenige Hochleistungssorten ersetzt (zur Verbindung der ökologischen und sozio-ökonomischen Faktoren s. Kap. 3.1.2.1.). Das Ziel der gleichförmigen Qualität führte zu einer genetischen Uniformität. Früher wurden beispielsweise auf dem indischen Kontinent ca. 50.000 verschiedene Reissorten angebaut.[36] Nach der Grünen Revolution sind es vor allem zehn dominante Reissorten, die drei Viertel der Anbauflächen beherrschen und insgesamt nur etwa 30-50 Sorten, die weiterhin angepflanzt werden. In Indonesien sind etwa 1.500 regional angepasste Reissorten ausgestorben (vgl. Wörner 2000: 30; WGBU 2000: 13). Die Erhaltung der Kulturpflanzenvielfalt steht daher prinzipiell der auf Hochleistungssorten ausgerichteten, monotonen Landwirtschaft entgegen. Es kommt allerdings zu dem Paradox, dass die modernen Pflanzensorten ihre eigenen, züchterischen Grundlagen in Gestalt der Landsorten verdrängen und so auf lange Sicht zerstören. Denn um die notwendige Anpassungsfähigkeit der Nutzarten an sich wandelnde Umweltbedingungen, wie neu auftretende Krankheiten, resistente Schädlinge oder Klimawandel zu gewährleisten, muss, wie erwähnt, in die Nutzarten ständig neues genetisches Material eingekreuzt werden. Dieses genetische Material stammt aus der ständig abnehmenden Agrobiodiversität der traditionellen lokalen Landsorten. Das Produkt der modernen Technologie zerstört daher seine eigene Basis, seine eigenen Ressourcen (vgl. Flitner 1995: 11ff. und Brand 2000:

176f.). Abb. 2 ist eine schematische Darstellung der historischen Entwicklung und qualitativen Veränderungen der Agrobiodiversität.

Der Beginn der Zeitachse in Abb. 2 markiert den Beginn der Landwirtschaft vor etwa 10.000 Jahren. Seitdem nahm die Diversität der Gene durch Auslese und Entwicklung von Pflanzensorten bis zum Zeitpunkt x_1 stetig zu. Die Zeitpunkt x_1 markiert das Maximum an Agrobiodiversität. Gleichzeitig setzte zu diesem Zeitpunkt die industrielle Landwirtschaft ein.[37] Durch die Reduktion der Landwirtschaft auf einige wenige Hochleistungssorten, die die traditionellen Landsorten ersetzten, nahm die Agrobiodiversität schließlich wieder rapide ab. Diese Entwicklung charakterisiert den Wandel einer Agrargesellschaft hin zu einer Industriegesellschaft. Das Fragezeichen in Abb. 2 markiert den ungewissen Ausgang dieser Entwicklung (vgl. Flitner 1995: 11ff. und Brand 2000: 174ff, s.a. Oetmann-Mennen 1999). Nachdem in großem Maße die natürliche Biodiversität und die Agrobiodiversität durch den Einfluss des Menschen und insbesondere durch die Industriegesellschaften zerstört wurden, diskutieren WissenschaftlerInnen und PolitikerInnen diskutiert, wie es zu einem Schutz dieser Vielfalt kommen kann bzw. wo diese Vielfalt noch zu finden ist. Interessanterweise ist die Problematik des Verlus-

Abb. 2: Die historische Entwicklung der Agrobiodiversität

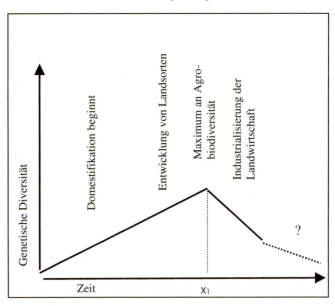

Quelle: WBGU 2000: 82, verändert

28

tes an Biodiversität schon lange bekannt. So betont Baur bereits 1914, dass „an Stelle der vielen alten Landsorten ... immer mehr einzelne wenige hochgezüchtete und zweifellos hochwertige Rassen [treten]" und dass, „wenn das so weitergeht, wir uns selbst die Möglichkeit zu einer noch weiteren Verbesserung unserer Kulturpflanzen abschneiden" (Baur 1914: 104, zit. n. Flitner 1995: 42). Erst in den 1980er Jahren wird der Verlust der Biodiversität breiter diskutiert, was nach Heins und Flitner (1998: 16) besonders mit dem Entstehen der neuen Biotechnologien, insbesondere der Gentechnologie, zusammenhängt, da diese den ökonomischen Wert der genetischen Ressourcen „entdecken" (s. Kap. 3.1.2.3). Auf der Suche nach biologischen Ressourcen geraten verstärkt solche Länder und Kulturen ins Blickfeld der Life Sciences-Industrie[38], in denen durch traditionelle Anbaumethoden eine Vielfalt an Kulturpflanzen erhalten geblieben ist und die eine hohe natürliche Biodiversität besitzen.

1.3 Die globale Verteilung von biologischer Vielfalt

Die biologische Vielfalt der Erde ist nicht gleichmäßig über den Globus verteilt. Es gibt bestimmte Regionen, in denen sie um einiges höher ist als in anderen. Generell kann gesagt werden, dass die natürliche Biodiversität von den Tropen ausgehend zu den Polen hin abnimmt und die Biodiversität in wärmeren Regionen mit höheren Niederschlägen allgemein höher ist als in kälteren Gebieten mit geringeren Niederschlägen. Aber nicht nur die natürliche Biodiversität, auch die meisten Nutzpflanzen stammen aus südlichen Regionen. Wichtige Erkenntnisse in Bezug auf die Verteilung der Agrobiodiversität gehen auf Nicolai I. Vavilov (1887-1943) zurück, der die Idee von geographischen Genzentren der Kulturpflanzen entwarf. Durch umfangreich durchgeführte Studien lokalisierte er acht „Mannigfaltigkeitszentren" bzw. „Ursprungszentren" für die wichtigsten Kulturpflanzen weltweit (vgl. Mooney/Fowler 1991: 50ff.).[39] Diese Genzentren und einige für diese Zentren charakteristischen Kulturpflanzen sind in Tab. 7 dargestellt.

Die meisten Nutzpflanzen werden heute ebenso außerhalb ihrer Vavilovschen Zentren angebaut bzw. sind in Form genetischer Ressourcen in die Pflanzenzüchtung verschiedener Länder eingegangen. Nach Bauer (1993: 8) stammen in jeder Erdregion wenigstens 30% des genetischen Materials der angebauten Nutzpflanzen aus anderen Gebieten. Flitner (1995: 203ff.) bezweifelt allerdings, dass alle Regionen der Erde einen so hohen „Genimport" haben. Für viele

Tab. 7: Die von Vavilov lokalisierten Genzentren mit einigen
aus diesen Regionen stammenden Kulturpflanzen

Genzentren	Kulturpflanze
1) Ostasien	Sojabohne, Teestrauch, Apfelsine
2) Indien (mit einem verwandten Zentrum in Malaysia)	Reis, Gurke, Zuckerrohr
3) Zentralasien	Saatweizen , Erbse, Mohrrübe, Birne, Apfel
4) Naher Osten (Vorderasien)	Roggen , Saathafer, Gartenkürbis
5) Mittelmeerraum	Salat, Zwiebel, Artischocke
6) Abessinien (Äthiopien)	Saatgerste, Saatplattgerste, Kaffee
7) Südmexiko und Mittelamerika	Mais, Paprika, Tomate, Kakao
8) Südamerika mit drei Teilzentren: a) Peru, Ecuador, Bolivien b) die Insel Chiloe vor der Küste von Südchile c) Brasilien, Paraguay	a) Quinoa, Tabak b) Kartoffel c) Erdnuss, Ananas

Quelle: Schwanitz: 366ff., eigene Darstellung

südliche Länder und Regionen sei dieser Wert zu hoch gegriffen. Vielmehr sei das Konzept der wechselseitigen genetischen Abhängigkeit politisch motiviert, um die Abhängigkeit der Industrieländer von den südlichen Ländern zu retuschieren. Die Importquote für Nordamerika, Europa und Afrika liegt mit 85% besonders hoch. Insgesamt kommen ca. 95,7% des Exports von genetischen Ressourcen aus südlichen Ländern[40] (ebd.). In Bezug auf die politischen Grenzen wurden zwölf so genannte Megadiversitätsländer anhand verschiedener Daten ermittelt.[41] Bei diesen Ländern handelt es sich um: Kolumbien, Ecuador, Peru, Brasilien, Zaire, Madagaskar, China, Indien, Malaysia, Indonesien, Australien und Mexiko (vgl. Wolters 1995: 20). Viele dieser Länder zeichnen sich dadurch aus, dass dort zum Teil noch traditionelle Anbaumethoden zum Einsatz kommen. Dieser Anbau steht im direkten Zusammenhang mit der traditionellen Kultur (s. Kap. 1.4). Es gibt allerdings verschiedene Arbeiten, die diese Zentren in Frage stellen oder andere „Zentren" postulieren. So stellt Zhukovsky (1968) ein Modell mit 12 „Megadiversitätszentren" auf, indem er die Vavilovschen Zentren um Nordamerika, einen großen Teil Eurasiens und Australien erweiterte. Harlan (1971) gelangt auf Grundlage anderer Konzepte zu dem Schluss, dass es sechs Ursprungsgebiete gebe, wobei er drei eng begrenzte Zentren in Mittelamerika, im fruchtbaren Halbmond des Nahen Ostens und in China (Yang-shao-Kultur) und drei stärker flächenhafte Gebiete in Südamerika, im subsaharischen Afrika und in Südostasien ausmacht (vgl. Harlan 1971: 473).[42] Auch wird das Konzept von Genzentren insgesamt problematisiert. So ist es für bestimmte Nutzpflanzen, wie beispielsweise für den Mais, nicht möglich, die genauen Ursprungszentren festzulegen. Und es können so genannte sekundäre Regionen, also Regionen, in denen die Pflanze ursprünglich nicht vorhanden war und eingeführt wurde, eine höhere genetische Vielfalt für bestimmte Arten aufweisen, als die Ursprungsgebiete (vgl. Schiemann 1939: 398ff.). Dennoch setzte sich die These von den Vavilovschen Genzentren allgemein in der Wissenschaft durch. Flitner (1995: 202ff.) merkt an, dass bestimmte Modelle der Verteilung von Arten- und genetischer Vielfalt, wie z.B. Zhukovsky sie vorschlägt, sich zwar wissenschaftlich nicht durchsetzen konnten, aber eine Bedeutung für politische Argumentationsweisen enthielten. So wurde dem Argument des einseitigen „Genflusses" von Süd nach Nord das Modell einer wechselseitigen genetischen Abhängigkeit entgegengestellt.

1.4 Traditionelle und indigene Wissens- und Bewirtschaftungsformen

Indigene Völker und traditionelle Gemeinschaften haben sich durch die enge Verbindung mit der sie umgebenden Natur ein umfangreiches Wissen um diese angeeignet. „Aboriginal peoples have helped shape environments for until millennia, and their accumulated ecological expertise and experiences with diverse organisms and varied biotas will be critical for ... [the] future" (Minnis/Wayne 2000: 3). Besonders das Wissen um Heil- und Kulturpflanzen hat in den letzten zwei Jahrzehnten immens an Bedeutung gewonnen, was vor allem auf die Life Sciences-Industrie zurückzuführen ist. Diese verspricht sich, ermöglicht durch die neueren Entwicklungen in den Biotechnologien[43], im pharmazeutischen Bereich wie im Agrarsektor enorme Gewinne durch die Vermarktung von Teilen der genetischen Ressourcen. Etwa drei Viertel der Medikamente, die heutzutage weltweit verwendet werden, gehen auf Pflanzen zurück, die aufgrund von Bioprospektion[44] unter Zuhilfenahme traditionellen Wissens gesammelt wurden. Daher ist das Wissen um die Heilwirkung von Pflanzen von großer Bedeutung (vgl. ICBG 2002a). 1996 erzielte die Pharmaindustrie weltweit etwa 32 Milliarden US-Dollar Gewinn aufgrund von Medikamenten, die bereits vor der Vermarktung traditionell angewendet wurden. Der angenommene ökonomische Wert, der durch die Vermarktung von Medikamenten auf pflanzlicher Basis jährlich allein in den USA erwirtschaftet wird, wird auf etwa 68 Milliarden US-Dollar geschätzt (vgl. Ribeiro 2002a: 39f.).

1.4.1 Begriffsklärung „indigene Völker"

Die Begriffe „indigen" oder „indigene Völker" sind nicht eindeutig definierbar und beinhalten eine problematische Konnotation, da sie eine Kohärenz zwischen sehr verschiedenen Gruppen, Kulturen und Lebensweisen suggerieren, die nicht ohne weiteres gegeben ist. In diesem Buch werden diese Begriffe verwendet, um einen Bedeutungskomplex zu benennen, der bestimmte, nachfolgend skizzierte, gemeinsame Grundmuster aufweist. Nach Anderes (2000: 39) ist der Begriff „indigen" auf all jene Menschen anwendbar, welche sozial isoliert sind und trotz Eingliederung in von anderen Gesellschaften dominierten Staaten ihre Traditionen bewahrt haben. Die *Independent Commission on International Humanitarian Issues* (1987) verweist auf eine enge Verbindung indigener Völker zu dem sie umgebenden Naturraum. Wichtig sei außerdem die Selbstidentifikation als indigen. Statt des Begriffs „indigene Völker" (engl.: peoples), wird häufig der Begriff „indigene Gemeinschaften" (engl.: populations) verwendet (so auch z.B. in dem *Übereinkommen über biologische Vielfalt* (s. Kap. 2.6.3). Problematisch an letzterem Begriff ist, dass das internationale Recht nicht Minoritäten, sondern nur Völkern das Recht auf Selbstbestimmung einräumt. Die Indigenen fordern daher den Begriff „peoples", der auch von der *International Labour Organisation* (ILO) und den *United Nations* (UN) übernommen wurde. Zwei stilisierte Charakteristika indigener Gemeinschaften sind an dieser Stelle wichtig.

a) Die kollektive und kooperative Orientierung indigener Völker
Eine Gemeinsamkeit vieler indigener Kulturen ist deren kooperative Organisation. Bezogen auf pflanzengenetische Ressourcen kommt diesen Ressourcen die Eigenschaft von öffentlichen und kollektiven Gütern zu. Brush (1996: 50) nimmt als Beispiel hierfür die kartoffelanbauenden Quechua-Bauern: „Die Quechua-Bauern dort [im Süden Perus] sind zu recht stolz auf ihr Wissen über den Kartoffelbau und ihren Reichtum an Kartoffelvielfalt. Kartoffelsorten werden ausgetauscht, ohne jegliche Rücksicht auf Eigentumskontrolle" (zit. n. Agrawal 1998: 203). Zugriffsrechte auf lebenswichtige biologische Ressourcen wie Fruchtbäume, Kulturpflanzen und Medizinalpflanzen unterliegen im Allgemeinen keinem Ausschlussprinzip, sondern sind auf viele Personen aufgeteilt. Zugriff auf bestimmte Ressourcen zu

haben, bedeutet, dass Angehörige einzelner Gruppen ein Set abgestufter Nutzungsmöglichkeiten innerhalb eines Territoriums besitzen. Vom Standpunkt der gesamten Gesellschaft aus gesehen, sind diese Rechte allerdings unveräußerlich, also nicht nach außen übertragbar. Sie können zwar mit anderen geteilt, aber nicht verschenkt werden und auch nicht Teil einer kommerziellen Transaktion sein (vgl. Mataatua-Declaration 1993[45]; Kuppe 2001: 148).

b) Die marginalen Standorte indigener Völker
Eine weitere Gemeinsamkeit, die praktisch alle indigenen Völker teilen, ist deren Verdrängung auf marginale Standorte durch dominante gesellschaftliche Akteure. So wurde den indigenen Völkern meist ihr Land genommen und sie mussten von fruchtbaren und niederschlagsreichen Ländereien auf marginale Standorte ausweichen. Sie leben heute großenteils in Wäldern, in semi-ariden Gebieten, in Gebieten mit unregelmäßigem Niederschlag und am Rand bewässerter und intensiv bewirtschafteter Gegenden. Der historische Ursprung dieser Verdrängung und Unterdrückung liegt vor allem im historischen Prozess der globalen Ausdehnung der europäischen Macht- und Einflusssphäre (vgl. Kuppe 2002: 120ff.). Auch im politischen Sinne sind indigene Völker marginalisiert, da ihnen kaum Rechte eingeräumt wurden und werden. So leben indigene Völker heute als Minoritäten in Staaten, die ein anderes Ordnungs- und Wirtschaftsprinzip praktizieren und die ihnen die politische Eigenständigkeit absprechen. Sie sind gezwungen, in verhältnismäßig isolierten sozialen wie räumlichen Umwelten zu überleben. Das traditionelle Wissen stellt hierbei die Beziehung der traditionellen Gemeinschaften zu ihrem Territorium dar (s. Kap. 4.2). Paradoxerweise sind es heutzutage aber gerade die marginalen Standorte, die ein verstärktes Interesse verschiedener Akteure wie der Life Sciences Industrie oder anderer Wissenschaftszweige wecken, da sie häufig im Bereich der Megadiversitätszentren liegen (vgl. Agrawal 1998: 204).

1.4.2 Indigene Ressourcenbewirtschaftung und Biodiversität

Nach der *International Society for Ethnobiology* (ISE) haben indigene Völker durch ihre traditionellen Bewirtschaftungsformen die biologische Vielfalt bewahrt und erhöht und seien daher sozusagen die Verwalter von 99% der biologischen Ressourcen (vgl. ISE 1988). Vergleiche von Ländern, die eine hohe kulturelle Diversität[46] besitzen, mit solchen, die eine hohe Biodiversität aufweisen, zeigen eine Korrelation auf.

Abb. 3 ist zu entnehmen, dass die Hälfte der Länder mit hoher Biodiversität, also die Länder Indien, Indonesien, Australien, Mexiko, Zaire und Brasilien, auch zu den Ländern mit hoher kultureller Diversität zählen. Minnis und Wayne (2000: 5) unterstreichen die Bedeutung indigener Völker hinsichtlich des Erhalts der Biodiversität: „… we consider the importance of indigenous ecological experiences for understanding ecosystem dynamics and environmental history and for designing programs to manage and preserve biological diversity and 'natural' environment." Es ist nicht möglich, generalisierende Aussagen über *die* Bewirtschaftungsform indigener Völker zu treffen. Allerdings kann anhand stilisierter Darstellungen ein grundlegender Unterschied zwischen der indigenen und traditionellen Ressourcenbewirtschaftung und der westlich-industriellen Ressourcenbewirtschaftung aufgezeigt werden. Erstere kann, schematisiert, durch vier Merkmale charakterisiert werden (vgl. Kuppe 2002: 113ff.).

a) Vielfältigkeit
In vielen indigenen Ressourcenbewirtschaftungsformen wird, im Gegensatz zu westlich-industriellen Wirtschaftsweisen, häufig nicht zwischen einer „primitiven", aneignenden Wirtschaftsform (wie Jagd oder Sammeltätigkeit) und einer „entwickelten" Form, wie dem Bodenbau, unterschieden. Vielmehr wird die Landwirtschaft mit domestizierten Arten in direktem Zusammenhang und unter Berück-

Abb. 3: Länder mit der größten kulturellen Diversität und Länder mit der größten Biodiversität sowie deren Schnittmenge

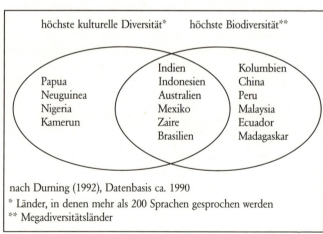

höchste kulturelle Diversität*   höchste Biodiversität**

| Papua Neuguinea Nigeria Kamerun | Indien Indonesien Australien Mexiko Zaire Brasilien | Kolumbien China Peru Malaysia Ecuador Madagaskar |

nach Durning (1992), Datenbasis ca. 1990
* Länder, in denen mehr als 200 Sprachen gesprochen werden
** Megadiversitätsländer

Quelle: Wolters 1995: 23, verändert

sichtigung von nicht-domestizierten Arten betrieben. Gebiete, die aus westlicher Sicht naturbelassen erscheinen, stellen sich im Kontext indigener Kulturen als vom Menschen genutzter und geprägter Raum heraus. Es besteht eine Verbindung von indigenen Völkern mit der Natur, die den gesamten Umweltraum mit einbezieht und sich nicht auf einige Tier- und Pflanzenarten beschränken lässt. Posey (1999: 8) prägte hierfür den Begriff der „anthropogenen Landschaften". Eine Beschreibung durch westliche Gegensatzpaare wie „wild" und „kultiviert", „Garten" und „Wald" oder „Ackerbau" und „Wildbeuterei" wird diesen Landschaften nicht gerecht (vgl. Grimmig 1999: 156).

b) Kleinräumigkeit
Indigene Bewirtschaftungsformen sind häufig durch ein mosaikartiges Nebeneinander verschiedener Nutzungsformen auf kleinräumigem Gebiet gekennzeichnet. Durch ein System von „Durcheinanderpflanzungen" verschiedener Pflanzensorten wird der Krankheits- und Pilzbefall minimiert. Durch Synergieeffekte kann es teilweise zu Erträgen kommen, die die absolute Ertragshöhe von Monokulturen übertreffen. Doch nicht nur bei den Pflanzungen, auch hinsichtlich des gesamten, sie umgebenden Umweltraums, findet sich diese Vielfältigkeit durch räumlich gestreute, unterschiedliche Bewirtschaftungsaktivitäten auf kleinem Raum wieder. Dadurch werden auch bei kleinen Flächen verschiedene Ressourcen genutzt (vgl. Kuppe 2002: 114).

c) Extensität
Es existieren vielfältige gesellschaftliche und kulturelle Mechanismen, die verhindern sollen, dass dem natürlichen Kreislauf übermäßig Ressourcen entzogen werden. Indigene Bewirtschaftungsformen können, im Gegensatz zum Monokulturanbau, der auf intensive, kurzfristige Ressourcennutzung optimiert ist, als extensiv bezeichnet werden.

d) Kollektivität
Indigene Kulturen sehen sich selbst meist in einem komplizierten Wechselverhältnis mit dem sie umgebenden Umweltraum. Dabei erfolgt häufig keine strikte Zuordnung bestimmter Flächen an bestimmte Personen, keine Parzellierung und Privatisierung von Landflächen. Die Ernte erfolgt meist durch eine breite gesellschaftliche Beteiligung an den Ernteaktivitäten. Die Ernte beinhaltet so auch eine starke soziale Funktion. Häufig gibt es in den indigenen Gemeinschaften keine Eigentumstitel an Grund und Boden. Weiden, Wald, Wasser, Luft und Jagdgründe sind Gemeinschaftseigentum,

auch wenn diese Parzellen von einzelnen Familien bearbeitet werden (vgl. Milborn 2002: 135). Diese fehlende Existenz von Eigentum erhält im Kontext der westlichen Eigentumsrechte eine besondere Brisanz, wie später aufgezeigt werden wird.

1.5 Erhaltungsstrategien der Agrobiodiversität

Im Allgemeinen kann zwischen zwei vorherrschenden Erhaltungsstrategien der Agrobiodiversität unterschieden werden, der in situ und der ex situ-Konservierung.[47] Erhaltungsstrategien bedeuten in diesem Zusammenhang, dass es um die Erhaltung von Ressourcen geht, die ohne solche Anstrengungen in absehbarer Zeit verloren gehen könnten.

1.5.1 Die ex situ-Konservierung

Entsprechend der CBD handelt es sich bei der ex situ-Konservierung von pflanzengenetischen Ressourcen um „die Erhaltung außerhalb ihrer natürlichen Lebensräume" (Art. 2). Sie beinhaltet die Konservierung von generativen und/oder vegetativen Zellstrukturen, Organen und Organismen in Versuchsfeldern, Botanischen Gärten, Zoos und Genbanken. Dies können z.B. auch Pollen, Embryonen, Saatgut, Gewebekulturen, Stecklinge, Klone u.a.m. sein (vgl. Meyer 1998: 170). Heute sind in den Genbanken[48] weltweit über 6 Millionen Proben von genetischem Material in 100 Ländern in ca. 700 Sammlungen eingelagert. Der wichtigste und vollständigste Teil von etwa 600.000 Proben findet sich in den *International Agricultural Research Centers* (IARCs). Die IARCs sind die weltweit bedeutendsten Genbanken, die umfangreiche Sammlungen aller wichtigen Nutzpflanzen enthalten. Sie schlossen sich in den 1970er Jahren zu der *Consultive Group on International Agriculture Research (CGIAR)* zusammen (vgl. GRAIN 2002: 1).[49] Je nach Lagerungsbedingungen liegen die Haltbarkeitszeiten der genetischen Ressourcen zwischen einigen Jahren und Jahrhunderten. Mehr als 70% dieses genetischen Materials stammen von Landsorten und Wildpflanzen, die von traditionellen LandwirtInnen und indigenen Gemeinschaften zur Verfügung gestellt wurden (vgl. GRAIN 2002: 2). Ziel der Genbanken ist der Erhalt und die Konservierung der PGR für spätere Zuchtprogramme, besonders in Hinblick auf den weltweit voranschreitenden Rückgang der Agrobiodiversität. Auch wurde von den Industrieländern die Abhängigkeit von den südlichen Ländern bezüglich der PGR als problematisch angesehen.[50] Genbanken hingegen gewährleisten einen ständigen Zugriff auf die PGR. Die IARCs befinden sich zwar zum größten Teil im Süden, stehen aber unter der Kontrolle der Industrieländer (vgl. Flitner 1995: 167ff.). Mooney bemerkt hierzu: „The creation of CGIAR in 1971 had been a blunt move by these donors to wrest control of agriculture development from FAO and place it in the hands of a manageable scientific elite" (Mooney 1983: 66). In der BRD ließ das Landwirtschaftsministerium 1986 verlauten:

„Die Sicherung pflanzengenetischer Ressourcen ist eine Aufgabe von zentraler Bedeutung nicht nur für die gesamte deutsche und internationale Pflanzenzüchtung ..., sondern angesichts einer zunehmenden Erosion zahlreicher Pflanzenarten auch für den Naturschutz und den Umweltschutz ganz allgemein" (BML am 5.3.1986, zitiert aus Flitner 1995: 209).

Die ZüchterInnen mussten allerdings feststellen, dass bei der ex situ-Konservierungsstrategie Schwierigkeiten auftraten. Während der ex situ-Konservierung findet nämlich keine evolutive Anpassung an die sich mit der Zeit verändernden Bedingungen der jeweiligen Ökosysteme statt. Je länger diese Arten außerhalb ihrer jeweiligen Ökosysteme gehalten werden, um so schwieriger ist die Wiedereinführung dieser Art. In vielen Fällen war das gesammelte und konservierte Material nutzlos (vgl. Weizsäcker 1995: 61f.). Die Industrie und Forschungseinrichtungen müssen daher weiterhin auf die (immer knapper werdenden) Kulturpflanzen der biodiversitätsreichen Länder zurückgreifen.

1.5.2 Die in situ-Konservierung

Die in situ-Konservierung stellt die Alternative zur ex situ-Konservierung dar, da die PGR an ihrem natürlichen Wuchsort geschützt werden sollen. Nach der CBD handelt es sich bei der in situ-Konservierung um

„die Erhaltung von Ökosystemen und natürlichen Lebensräumen sowie die Bewahrung und Wiederherstellung lebensfähiger Populationen von Arten in ihrer natürlichen Umgebung und – im Fall domestizierter oder gezüchteter Arten – in der Umgebung, in der sie ihre besondere Eigenschaften entwickelt haben" (Art. 2).

Bei der Erhaltung von Kulturpflanzen in landwirtschaftlichen Systemen wird auch von „on farm-Erhaltung" oder „on farm-Management" gesprochen. Durch diese beiden Formen der Erhaltung verbleiben die Pflanzen in ihren jeweiligen Ökosystemen. Adaptive evolutive Prozesse, also Anpassungen an sich verändernde Umweltbedingungen und natürliche Selektion, sind so gewährleistet (vgl. Meyer 1998: 183ff.). Die in situ-Konservierung ist ein traditioneller

Schwerpunkt des Natur- und Landschaftsschutzes. Das Problem hierbei ist, dass diese Form der Konservierung viel Platz benötigt. Außerdem können die Pflanzen weniger gut kontrolliert werden und die Datenerfassung ist schwieriger als bei der ex situ-Konservierung (vgl. Oetmann-Mennen/Begemann 1998: 43).

2. Patente und internationale Rechtssysteme in Bezug auf genetische Ressourcen

> „Sie [die NaturschützerInnen] berech-
> nen den Nutzen eines Vogels in Mark
> und Pfennig ... Dies ist eine zweischnei-
> dige Prozedur. Es ist vielleicht die ein-
> zige Methode, jemanden zum Zuhören
> zu bringen, der nur in Mark und Pfen-
> nig denken kann. Es ist aber zugleich
> die Vervollständigung der Ökonomisie-
> rung sämtlicher Lebensbereiche"
> (Christine von Weizsäcker 1995: 62).

Patente gehören zu den geistigen Eigentumsrechten (engl. Intellectual Property Rights – IPR), die Personen Schutz für ihre durch Erfindung entstandenen Produkte und Verfahren gewährleisten sollen.[51] Von Bedeutung für Eigentumsrechte auf pflanzengenetische Ressourcen (PGR) sind neben Patentrechten auch Sortenschutzrechte. Um die Bedeutung von Patenten auf genetische Ressourcen erfassen zu können, werden in diesem Kapitel die Voraussetzungen für die Patentierung von PGR erläutert. Es wird geklärt, um welche Rechtskonstruktionen es sich bei Patenten handelt und wie es durch Patente zur Inwertsetzung der genetischen Ressourcen kommt. Anschließend wird die Bedeutung der Biotechnologien für die Patentierung der genetischen Ressourcen dargestellt, um schließlich die internationalen Verträge und Abkommen, die in diesem Zusammenhang eine Rolle spielen, zu erörtern.

2.1 Voraussetzungen für die Patentierung von PGR

Patente auf PGR sind eine relativ neue Erscheinung der letzten zwanzig Jahre (vgl. Abb.4, Kap. 2.1.2), was vor allem mit den Entwicklungen im biotechnologischen Bereich zusammenhängt, die in dieser Zeit eine immense Bedeutung erlangt haben.[52] Biotechnologische Methoden[53] sind also die Voraussetzung, ohne die eine Patentierung von PGR im europäischen Patentrecht nicht möglich ist. In den USA ist die Patentierung von Pflanzen auch ohne gentechnologische Veränderungen möglich. Die weiteren Darstellungen zum Patentrecht beziehen sich, soweit nicht anders angegeben, auf das Europäische Patentrecht. Bevor PGR mit biotechnologischen Methoden aufgearbeitet werden können, müssen sie durch Bioprospektionsprojekte identifiziert und eingesammelt werden.

2.1.1 Auffinden der genetischen Ressourcen durch Bioprospektion

Bioprospektion (engl. Biodiversity Prospecting) bezeichnet allgemein das Sammeln, das Archivieren und schließlich das Aufarbeiten von biologischem Material, mit Hilfe des genetischen Screenings[54] (vgl. Reid et al. 1993: 1ff.). Ziel ist es, mittels technischer Verfahren die gesammelten Extrakte auf ihre biochemische Aktivität hin zu untersuchen und daraus Anwendungsmöglichkeiten in den industriellen wie medizinischen Bereichen abzuleiten. Die Sammlung, Erfassung und Analyse der genetischen Ressourcen wird von verschiedenen staatlichen Institutionen und privaten Unternehmen durchgeführt. Die Entwicklung der Pharmazeutika in den Industrieländern wird dann allerdings fast ausnahmslos von Privatfirmen übernommen. Es werden drei Vorgehensweisen bei der Bioprospektion unterschieden (vgl. Flitner 1995: 246):

1. Das zufällige Sammeln möglichst vieler Pflanzen in einem Gebiet, wenn möglich mit Blüten und Früchten.
2. Das Sammeln von Mustern bestimmter Pflanzenfamilien, von denen angenommen wird oder nachgewiesen ist, dass sie interessante, verwertbare biologisch aktive Verbindungen enthalten (z.B. Apocynaceen, Euphorbiaceen, Solanaceen).
3. Das Sammeln, das die Kenntnisse der einheimischen Bevölkerung um die lokale Vegetation sowie deren traditionelle Nutzungs- und Wissensformen ausnutzt.

Die „Trefferquote", also das Auffinden einer biochemisch interessanten Substanz, ist beim Sammeln ohne Zuhilfenahme einheimischen Wissens trotz moderner Verfahren relativ gering und bei der Fülle an wild wachsenden Pflanzen mehr oder weniger dem Zufallsprinzip überlassen. Deshalb wird verstärkt auf das Wissen der lokalen einheimischen Bevölkerungsgruppen zurückgegriffen, das als „ethnobotanischer Filter" (Grimmig 1999: 153) wirkt. Die Chance, mit Hilfe der einheimischen Bevölkerung auf verwertbare Substanzen zu stoßen, kann, im Vergleich zur Bioprospektion ohne diese Hilfe, um ein Vielfaches erhöht werden (vgl. Balick 1991: 16f.).

„Shamanen und Bäuerinnen, Kräuterfrauen und Bauern in aller Welt werden damit zu einer Quelle von Informationen, die nicht mehr allein die ethnologische Wissenschaft, sondern gleichermaßen die chemische Industrie in ihrem Wert zu schätzen weiß" (Flitner 1995: 246f.).

Im Idealfall wird den ForscherInnen durch die Menschen, die das Wissen um die Pflanzen besitzen, auch mitgeteilt, welche Bestandteile der Pflanze die chemisch interessanten Substanzen enthalten. Sie erfahren die Jahreszeit, in der diese Pflanze gesammelt werden kann bzw. zu welchem Zeitpunkt die chemischen Substanzen in der Pflanze angereichert werden, und die Methode, wie die Substanzen gewonnen werden können (vgl. Kuppe 2001: 147). Durch Bioprospektion erhofft sich besonders die Life Sciences-Industrie große Gewinne. Biodiversität stellt sich aus dieser Sicht als biochemische Vielfalt, in Form von hoch wirksamen chemischen Substanzen, dar. Hierbei handelt es sich insbesondere um Sekundärmetabolite (Sekundärstoffwechselprodukte), die für den Menschen interessant sind (vgl. WBGU 2000: 70). Von vielen indigenen Völkern wird Bioprospektion nicht als neutraler Vorgang, sondern als Bestandteil der Biopiraterie (s. Kap. 4.1) angesehen.

2.1.2 Biotechnologie als Voraussetzung der Patentierbarkeit von PGR

Biotechnologische Methoden werden traditionellerweise bereits seit Jahrtausenden zur Lebensmittelzubereitung angewendet (z.B. die Hefegärung zum Brotbacken und zur Bierherstellung, wie auch die Käseherstellung über Fermentation). Die heutige Biotechnologie benutzt Verfahren und Techniken, die aus der Biologie, der Biochemie und den technischen Wissenschaften stammen und auf einer Nutzung von Mikroorganismen, isolierten Zellen bzw. Teilen von lebenden Zellen basieren. Ziel ist die Gewinnung „maßgeschneiderter" Wirkstoffe sowie weiterer Produkte und Organismen (vgl. Schubert/Wagner 1993: 114).[55] Biotechnologie und Gentechnologie sind heutzutage insofern verbunden, als sowohl in der traditionellen als auch in der industriellen Biotechnologie genetisch veränderte (Mikro-)Organismen eingesetzt werden (vgl. Pernicka 2001: 10).[56] Um PGR patentieren zu können, muss ein technisches Verfahren auf die Pflanze oder Bestandteile der Pflanze angewendet worden sein.[57] Die Anzahl der Patentanmeldungen auf Pflanzen nahm seit 1985 stetig zu. Abb.4 verdeutlicht diese Zunahme am Beispiel von EP- und WO-Anmeldungen. EP-Anmeldungen sind maximal auf den europäischen Raum begrenzt, WO-Anmeldungen können ihren Wirkungsbereich auf Länder aus allen Kontinenten ausdehnen. Es ist jedoch nicht möglich, für alle Länder der Welt gleichzeitig ein Patent zu beantragen. Während es 1990 182 Patentanmeldungen bei gentechnisch veränderten Pflanzen, 67 bei nicht durch Gentechnik veränderten Pflanzen und 4.351 Patentanmeldungen in der Gentechnik insgesamt[58] gab, stiegen Patentanmeldungen Mitte 2003 auf 2.929 bei gentechnisch veränderten, 593 bei nicht gentechnisch veränderten Pflanzen und 36.594 in der Gentechnik insgesamt (vgl. Kein Patent auf Leben 2003).

Abb. 4: Graphische Darstellung der Anzahl der Patentanmeldungen (kumuliert) seit 1985 auf Pflanze

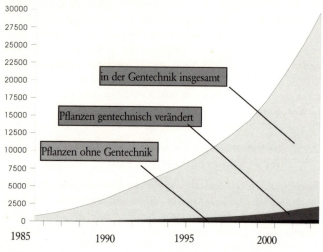

Quelle: Kein Patent auf Leben 2002; eigene Darstellung

Bei diesen Zahlen ist allerdings zu beachten, dass es einen Unterschied zwischen der Anzahl angemeldeter und der Anzahl erteilter Patente gibt.[59] Im Durchschnitt wird nur ein relativ geringer Anteil definitiv vom EPA zurückgewiesen, auf etwa zwei Drittel aller gestellten Anträge wird schließlich ein Patent erteilt (vgl. Greenpeace 2001: 2). Interessant bei den Patentanmeldungen ist nicht nur, wie in Abb.4 zu sehen ist, der stetige Zuwachs an Patenten in allen genannten Sparten. Bemerkenswert ist ebenfalls, dass jedes Jahr insgesamt mehr Patente angemeldet werden, als im Vorjahr, was sich graphisch in einer exponentiellen Kurve ausdrückt. Hieraus kann auf einen Bedeutungszuwachs von Patenten geschlossen werden. Erwähnenswert ist weiterhin der Umstand, dass sich das Europäische Patentamt über die Vergabe von Patenten finanziert (vgl. www.european-patent-office.org).

2.2 Was sind Patente?

Ein Patent ist ein juristisches Monopol, das von staatlichen Stellen verliehen wird und seinem Inhaber oder seiner Inhaberin ein Recht auf ausschließende Verwertung der Erfindung zugesteht. Es ist „... a legal title granting its holder the exclusive right to make use of an invention for a limited area and time by stopping others from, amongst other things, making, using or selling it without authorisation." (European Patent Office www.epo.co.at/gr_index.htm).

Das Monopol erlaubt dem oder der PatentinhaberIn, andere daran zu hindern, den Gegenstand der Erfindung betriebsmäßig herzustellen, in Verkehr zu bringen, zu verkaufen oder zu gebrauchen. Das Patentrecht wurde in Teilen Europas bereits im 15. Jahrhundert eingeführt. Nachdem es in der zweiten Hälfte des 19. Jahrhunderts kurzzeitig in einigen Ländern infolge der Kritik von Anhängern des Freihandels abgeschafft worden war, setzte es sich Ende des 19. Jahrhunderts endgültig in Europa durch. Deutschland hatte bis 1877 kein Patentrecht, da Befürchtungen bestanden, dass die deutsche Wirtschaft, die seinerzeit relativ rückständig war, durch Patente ausländischer Firmen blockiert werden könnte (vgl. Bauer 1993: 94). Auch die Niederlande und die Schweiz hatten bis Ende des 19. Jahrhunderts keine entsprechenden Schutzsysteme entwickelt, beugten sich aber schließlich dem internationalen Druck und integrierten das Patentrecht in ihr Rechtssystem (vgl. Kaiser 2002: 33ff.).

Die heute gültige Basis für Patenterteilungen in Europa ist das Europäische Patentübereinkommen (EPÜ) von 1977 (www.european-patent-office.org/legal/epc/d/ma1.html). Das EPÜ stimmt weitgehend überein mit den nationalen Patentgesetzen. Danach kann ein Patent auf eine technische Entwicklung erteilt werden, wenn folgende Mindestvoraussetzungen gewährleistet sind (Art. 52 EPÜ):
a) Das Produkt/Verfahren muss neu sein,
b) auf einer erfinderischen Leistung beruhen und
c) gewerblich anwendbar sein.

Von der Patentierbarkeit ausgenommen sind Entdeckungen. Auch darf die erfinderische Leistung sich nicht in nahe liegender Weise aus dem Stand der Technik ergeben (Art. 56 EPÜ). Nicht patentierbar sind (Art. 53 EPÜ):
a) Erfindungen, die sittenwidrig sind oder gegen die öffentliche Ordnung verstoßen,
b) biologische Verfahren zur Züchtung von Pflanzen oder Tieren,[60]
c) Pflanzensorten (Pflanzensorten fallen unter das Sortenschutzgesetz (s. Kap. 2.6.2). Patente auf Pflanzensorten zu bekommen ist nur

in den USA, in Japan und Australien möglich (vgl. CIPR 2002: 63) und Tierarten.

Das Recht auf ein Patent erhält in Europa diejenige Person, die das Patent erstmals anmeldet. Ein Arbeitgeber kann das Recht auf Erfindungen seiner MitarbeiterInnen für sich in Anspruch nehmen. Die anmeldende Person muss die Erfindung so beschreiben und von anderen Erzeugnissen abgrenzen, dass der Prozess der Erfindung für Fachleute nachvollziehbar und ausführbar ist. Nach europäischem Recht läuft das Patent ab Anmeldung maximal 20 Jahre (vgl. Art. 63 EPÜ). Ein Patent stellt rechtssystematisch einen Unterfall des gewerblichen Rechtsschutzes dar. Nach dem europäischen Patentrecht werden Patente auf Erzeugnisse oder Verfahren und deren unmittelbare Erzeugnisse erteilt. Erzeugnis- und Verfahrenspatente untersagen Dritten die Nutzung des Patents, ohne dass der oder die PatentinhaberIn zugestimmt haben. Ein Patent ist ein Abwehrrecht und kein positives Verwertungsrecht, indem es ermöglicht, gegen Dritte vorzugehen, die gegen die Nutzungsrechte verstoßen (vgl. Bauer 1993: 94ff.). Durch ein Erzeugnispatent wird die Herstellung, das Anbieten, das Inverkehrbringen, der Gebrauch, der Besitz sowie die Einfuhr des Patentgegenstandes geschützt. Verfahrenspatente schützen die Anwendung und das Anbieten des Verfahrens. Das Patentrecht gehört zur Gruppe des Immaterialgüterrechts, zu der auch das Urheber-, das Marken- und das Musterrecht gehören (vgl. im Anhang Tab. 2). International hat sich der Begriff der „Intellectual Property Rights" (IPR) durchgesetzt (vgl. Heine et al. 2002: 80).

2.3 Rechtfertigung von Patenten

Allgemein ist das Ziel von Patensystemen, die technische, wirtschaftliche und soziale Entwicklung zu fördern und, daraus resultierend, den Wohlstand der Allgemeinheit, also der Gesellschaft, zu steigern. Patente auf geistige Leistungen zu erteilen, gründet auf folgenden Erklärungen (vgl. Steenwarber 2001: 33):

a) *Naturrechts- oder Eigentumstheorie:* Bereits seit Ende des 18. Jahrhunderts kursiert der Begriff des „Geistigen Eigentums", der in Anlehnung an das Sacheigentum ErfinderInnen ein ausschließendes natürliches Recht an ihren geistigen Leistungen zuspricht.[61]

b) *Belohnungstheorie:* Den ErfinderInnen soll nach der Belohnungstheorie ein Lohn für die geistige Tätigkeit als „LehrerInnen der Nation" (Steenwarber 2001: 33) zukommen. Die im Vorfeld getätigten Investitionen sollen sich durch ausschließende Vermarktungsrechte an der Erfindung wieder amortisieren.

c) Offenbarungstheorie: Die Offenbarung der Erfindung ist die Gegenleistung an die ErfinderInnen für die Offenlegung der Erfindung.

d) Ansporntheorie: Die ErfinderInnen sollen zum Erfinden und Investieren angespornt werden und weitere Innovationen tätigen.

Generell wird angenommen, dass die Gesellschaft ein Interesse an Innovationen und erfinderischen Tätigkeiten hat, da sich dadurch neue Bereiche und Möglichkeiten für die Wirtschaft erschließen. Letztlich erhofft man sich eine Steigerung des gesellschaftlichen Wohlstands. Als Argumente für ein Patentrecht werden weiterhin angeführt, dass ohne Patente die Unternehmen, die die Erfindung kopieren, nur die Produktionskosten aufbringen und die Innovationskosten von ihnen nicht geleistet werden müssen. So können sich unter Umständen die Innovationskosten des Unternehmens, das die erfinderische Leistung erbracht hat, nicht amortisieren. Der Anreiz zur Entwicklung eines neuen Produktes könnte dadurch gegen Null gehen.[62] Andererseits werden auch verschiedene Argumente gegen die Belohnungsheorie benannt: Technischer Fortschritt z.B. sei immer gesellschaftlich bedingt und in jeder patentfähigen Erfindung seien (eventuell nicht patentfähige) Vorarbeiten anderer enthalten. Ein Patentsystem ist mit dem Problem konfrontiert, dass es sich einerseits am Nutzen der Gesellschaft orientieren und diesen optimieren sollte und andererseits den Aufwand der ErfinderInnen entschädigen muss (vgl. Bauer 1993: 112ff.; s.a. Kap. 3.2.3.2).

2.4 Inwertsetzung genetischer Ressourcen

Patente sind ein wichtiger Teil des Inwertsetzungsprozesses von genetischen Ressourcen. „Inwertsetzung" von genetischen Ressourcen bedeutet, dass diese in eine Warenform umgewandelt werden und so auf einem (Welt-)Markt gehandelt werden können. Denn die Natur an sich hat zwar einen Gebrauchswert, ist aber für die Ökonomie so lange wertlos, wie sie keinen Tauschwert hat. Altvater (1986: 137, Herv. im O.) führt an, „daß die Natur zwar Reichtum ist, aber keinen Deut Wert bildet. Sie muß erst *'inwertgesetzt'* werden, also den spezifischen ökonomischen Mechanismen der jeweiligen Produktionsweise untertänig gemacht werden, um als Wert zählen zu können."

Der globale Markt an Produkten, die auf pflanzengenetische Produkte zurückgehen, belief sich 1999 auf etwa 200-370 Milliarden US-Dollar. Tab. 8 zeigt auf, wie diese Summe zusammengesetzt ist.

Tab. 8: Geschätzte jährlich umgesetzte Summen aus Produkten,
die auf genetische Ressourcen zurückgehen

Sector	Market [US$][63]
Pharmaceuticals	75-150 billion
Botanical medicines	20-40 billion
Agriculture produce	
(commercial sales of agriculture seeds)	30-40 billion
Ornamental horticulture products	16-19 billion
Crop protection products	0,6-3 billion
Biotechnologies in fields other than	
healthcare ans agriculture	60-120 billion
Personal care and cosmetic products	2,8 billion
Rounded total	203-373,4 billion

Quelle: Kate/Laird 1999: 2, verändert

Der Prozess der Inwertsetzung von natürlichen Ressourcen ist charakteristisch für die kapitalistische Produktionsweise. Er zielt auf die
Konstituierung einer Ressource als Element kapitalistischer Produktion und Reproduktion.[64] Dieser Prozess verläuft in vier Stufen (vgl.
Altvater 1991: 320ff.): (1.) die Identifizierung, (2.) die Isolierung, (3.)
die Kommodifizierung und (4.) die Monetarisierung. In Bezug auf
die Inwertsetzung von PGR werden diese im ersten Schritt durch
Bioprospektion, meist unter Zuhilfenahme traditionellen Wissens,
identifiziert. Im zweiten Schritt werden die PGR isoliert. Hierbei
handelt es sich zum einen um die Isolation aus dem umgebenden
Ökosystem, zum anderen um die Isolation des genetischen Materi-
als aus dem Organismus selbst. Methoden wie das Bio-Screening
kommen hier zum Einsatz. Schließlich werden die nun isolierten
PGR kommodifiziert, d.h. in eine Warenform umgewandelt. Diese
Umwandlung vollzieht sich über die Erteilung von Schutzrechten,
wie Patente oder Sortenschutzrechte. Ohne Schutzrechte auf z.B.
Saatgut oder Setzgut ist es durch die Möglichkeit des Nachbaus bzw.
Wiederanbaus schwierig, diese zu kommodifizieren (vgl. Kap. 3.1.2.1).
Zum Abschluss des Inwertsetzungsprozesses erfolgt die Monetari-
sierung der PGR, indem diese in Form von Medikamenten, Saatgut
oder anderen Produkten verkauft werden, also ein finanzieller Ge-
winn aus den PGR gezogen wird. Durch Patente werden genetische
Ressourcen daher zu Waren im kapitalistischen Produktions- und
Tauschkreislauf, da sie über die Ausschließbarkeit deren kostenlose
Nutzung für Dritte verbieten. Durch dieses Ausschlussprinzip erhalten die genetischen Ressourcen also einen Tauschwert im ökonomischen Sinne (vgl. Pernicka 2001: 22ff.). Bestehen keine individu-

ellen Eigentumsrechte an natürlichen Ressourcen, handelt es sich entweder um so genannte Gemeinschaftsgüter (common property resources) oder um freie Güter (free-access resources).

Gene bzw. genetische Informationen konnten bis zur Entwicklung der mikrobiologischen und gentechnischen Forschung als „free-access resources" bezeichnet werden. Niemand konnte Eigentumsansprüche auf sie stellen, da Gene technisch nicht zugänglich und bis vor hundert Jahren auch noch unbekannt waren. Ressourcen sind nach Heins und Flitner (1998: 16) „weder in natürlicher noch in ökonomischer Hinsicht einfach da." Vielmehr bedingen sowohl der Stand der technologischen Entwicklung, die theoretischen Konzepte und sozialen Konstellationen, als auch die ökonomischen Bedingungen und kulturellen Perspektiven die Voraussetzungen zur Inwertsetzung und generell die Bewertung von genetischen Ressourcen. Die genetischen Ressourcen wurden daher ökonomisch erst interessant, nachdem sie durch dieses Set an gesellschaftlichen Vorbedingungen verfügbar gemacht werden konnten.

2.5 Patente in der Biotechnologie

Erfindungen im Bereich der Biotechnologie beziehen sich immer auf die belebte Natur, sind also biologische Erfindungen. Im Folgenden sollen die Punkte „Neuheitserfordernis" und „Patente auf Organismen" erläutert werden.

2.5.1 Erfindung oder Entdeckung

Patente werden im Allgemeinen grundsätzlich nur auf neue Entwicklungen erteilt. Allerdings wird diese Neuheit unterschiedlich definiert. So wird z.B. in der Patentgesetzgebung der USA als neu definiert, was der im Patentgesetz beschriebenen Öffentlichkeit bisher nicht bekannt war. Hierbei kann es sich also um ein Objekt, beispielsweise den Inhaltsstoff einer Pflanze, handeln, das bereits in der Natur präsent gewesen ist, nur der definierten Öffentlichkeit noch nicht bekannt war. Die europäische Rechtsprechung orientiert sich weiterhin an der absoluten Neuheit. Wenn also eine Pflanze bereits in bestimmten traditionellen Kulturen bekannt gewesen ist, kann diese theoretisch nicht mehr patentiert werden. Allerdings sieht die Rechtspraxis anders aus, da nur dem Patentamt bekannte schriftliche oder mündliche Beschreibungen berücksichtigt werden (vgl. Bauer 1993: 171ff.). Auch muss das Patentamt den Nachweis erbringen, dass es sich nicht um eine neue Erfindung handelt, und nicht die das Patent anmeldende Person den gegenteiligen Nachweis. Beide

Patentsysteme behandeln letztlich als neu und damit patentfähig, was ihrem Kulturkreis bisher nicht zugänglich war. Die Anforderung an eine absolute Neuheit ist schwer überprüfbar, da viele Erfahrungen besonders traditioneller und indigener LandwirtInnen und HeilerInnen nicht so einfach schriftlich zugänglich gemacht werden können oder häufig gar nicht niedergeschrieben worden sind. Bei der Patentierung von pflanzlichen Inhaltsstoffen gilt die erstmalige Isolation des Inhaltsstoffs als hinreichender Grund zur Patentierbarkeit. Wenn also ein Inhaltsstoff einer Pflanze bereits genutzt wird, z.B. von indigenen LandwirtInnen oder ÄrztInnen, kann er dennoch patentiert werden, vorausgesetzt er wurde vormals noch nicht wissenschaftlich beschrieben (vgl. Pernicka 2001: 83f.). Im europäischen wie im amerikanischen Patentrecht besteht grundsätzlich die Möglichkeit, Erzeugnisse, wie beispielsweise eine neue Getreideart, und Verfahren zu patentieren. Generell wird zwischen Erzeugnis-, Verfahrens- und Verwendungspatenten unterschieden (vgl. Hollauf 1998: 74).

Bezüglich der Vergabe von Patenten wird eine bestimmte Erfindungshöhe gefordert. Hierbei wird der zu patentierende Gegenstand mit dem Stand der Technik verglichen und nachvollzogen, ob es sich im untersuchten Fall nicht um eine nahe liegende Neuerung handelt. Dadurch sollen einfache Verbesserungen und kleine Veränderungen von der Patentierung ausgenommen werden, da sonst der Fortschritt behindert würde. Eine Erfindung bereichert den Stand der Technik, während eine Entdeckung nur das Wissen bereichert, nicht die Technik. Wird also z.B. eine neue Eigenschaft eines bekannten Stoffes beschrieben, so handelt es sich lediglich um eine Entdeckung. *Der Entdeckung fehlt also im Gegensatz zur Erfindung die technische Lösung* (vgl. Bauer 1993: 179). In Europa behandelt das Europäische Patentamt (European Patent Office – EPO) das reine Auffinden eines Stoffs in der Natur als Entdeckung und damit als nicht patentierbar. Für eine menschliche Gensequenz beispielsweise, die gereinigt, sequenziert und beschrieben worden ist, wird in aller Regel beim Europäischen Patentamt kein Patent erteilt. Wird allerdings ein Verfahren zur Isolierung dieses Stoffs entwickelt und angeführt, dass diese Gensequenz bestimmte Prozesse, wie z.B. die Blutgerinnung auslöst, ist der so gewonnene Stoff patentfähig (vgl. Pernicka 2001: 82f.). KritikerInnen führen an, dass durch die Erteilung geistiger Eigentumsrechte auf Gene die Grenze zwischen innovativer Wissensarbeit (Erfindung) und der Verwendung bereits bekannter Naturstoffe verschwimmt und dass Gene keine Erfindungen sein können, da es sich bei ihnen um in der Natur vorkommendes Material handelt (vgl. Pernicka 2001: 23).

2.5.2 Patente auf Organismen

Seit Anfang der 1980er Jahre wird das Patentrecht international immer weiter auf die Möglichkeit der Patentierung von belebter Natur ausgedehnt. Im Jahre 1980 erfolgte in den USA eine richtungweisende Entscheidung bezüglich der Patentierungsmöglichkeiten von Organismen. Nach einem Patentantrag von General Electric's auf einen gentechnisch veränderten Mikroorganismus stimmte der Oberste Gerichtshof (Supreme Court) für die grundsätzliche Möglichkeit der Patentierung von Lebewesen (die sogenannte „Chakrabarty-Entscheidung").[65] Hiernach ist die Patentierung von lebender Materie möglich, wenn diese (vgl. Wörner 2000: 22):

- technisch gegenüber dem Naturzustand verändert wurde,
- technisch in Massen hergestellt werden kann,
- technisch eingesetzt wird und damit toter Materie ähnlicher ist als Lebewesen.

Die „Chakrabarty-Entscheidung" hatte weitreichende Auswirkungen auf die Praxis in der Erteilung von Pflanzenpatenten (vgl. Steenwarber 2001: 77). Bereits 1985 wurde in den USA das erste Patent auf eine gentechnisch veränderte Pflanze erteilt und 1988 das erste Patent auf ein Säugetier, die so genannte „Krebsmaus"[66] (vgl. Greenpeace 1999: 3). In Europa verlief diese Patentierungspraxis zögerlicher, da das Europäische Patentübereinkommen (EPÜ) von 1977 noch die Patentierung von Leben ausschloss.

Die „Chakrabarty-Entscheidung" erzeugte jedoch auch in Europa erheblichen Druck, Patente auf Leben zu ermöglichen. Schließlich wurde 1992 das Patent auf die „Krebsmaus" bei dem EPO 1992 erteilt. Trotz des Art. 53 EPÜ folgten bis 1995 weitere Patente auf Pflanzen und Tiere. Nach einem Einspruch von Greenpeace entschied die Beschwerdekammer des EPO im Fall des Patentes T 356/93 im Jahr 1995, dass Patente, die Pflanzensorten umfassen, nicht erteilt werden dürfen. Ansprüche auf ganze Pflanzen und Tiere wurden abgelehnt, da Wachstum und Fortpflanzung nicht als Ergebnis eines mikrobiologischen Verfahrens gesehen wurden (vgl. Greenpeace 2000c). Um diese Rechtslücke zur Patentierung von Organismen zu schließen, wurde 1998 die *EU-Richtlinie 98/44/EG über den Schutz biotechnologischer Erfindungen* erlassen. Diese soll Patente auf Pflanzen und Tiere und auch auf menschliche Gene und Teile des menschlichen Körpers ermöglichen. Danach kann

„biologisches Material, das mit Hilfe eines technischen Verfahrens aus seiner natürlichen Umgebung isoliert oder hergestellt wird, ... auch dann Gegenstand einer Erfindung sein, wenn es in der Natur schon vorhanden ist" (EU-Richtlinie 98/44/EG Art. 3/2) und „Erfindungen, deren

Gegenstand Pflanzen oder Tiere sind, können patentiert werden, wenn die Ausführungen der Erfindung technisch nicht auf eine bestimmte Pflanzensorte oder Tierrasse beschränkt sind" (EU-Richtlinie 98/44/EG Art. 4/2).

Die Richtlinie wurde im Juli 1998 vom EU-Parlament bestätigt und war bis 30. Juli 2000 in nationales Recht umzusetzen. Gegen die Richtlinie gab es von Anfang an große Widerstände. Die Niederlande klagten vor dem Europäischen Gerichtshof mit Unterstützung von Italien gegen sie und Norwegen reichte eine weitere Klage ein. Die Klagen wurden im Herbst 2001 vom EuGH verhandelt und im Oktober 2001 zurückgewiesen. Pflanzensorten sind seitdem patentierbar, wenn sich der Antrag nicht nur auf eine einzelne Pflanzensorte bezieht, sondern auf eine ganze Pflanzenart. Mit dieser Entscheidung konnten nun genetische Ressourcen patentiert und kommerzialisiert werden. Auch in Europa ist so die Grundlage geschaffen worden, „dass Gene zu einer Ware im kapitalistischen Produkti-

Abb. 5: Graphische Darstellung der prozentualen Anteile bestimmter Länder an den weltweiten Patenten auf Biotechnologieprodukte, die zwischen 1990-1995 angemeldet wurden*

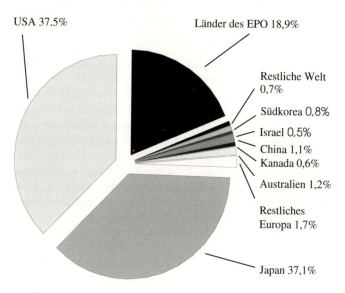

USA 37.5%

Länder des EPO 18,9%

Restliche Welt 0,7%

Südkorea 0,8%

Israel 0,5%

China 1,1%

Kanada 0,6%

Australien 1,2%

Restliches Europa 1,7%

Japan 37,1%

Quelle: Correa 2000; eigene Darstellung

* Die Gesamtzahl an Patenten in der Biotechnologiebranche betrug in diesem Zeitraum 15.392.

ons- und Tauschkreislauf werden" (Pernicka 2001: 11). Durch Patente auf Gene können sich Eigentumsansprüche auch auf mehrere Pflanzenarten ausweiten. Vergleicht man die Patentzahlen innerhalb der Biotechnologie-Branche, wird deutlich, dass Patente bisher weitgehend von Unternehmen oder Forschungseinrichtungen aus Industrieländern genutzt werden (s. Abb. 5).

Nach Abb. 5 vereinen die Industrieländer fast 96% der weltweiten Patente im Bereich der Biotechnologie auf sich. Wenn China, Südkorea und das restliche Europa nicht mitgerechnet werden, besitzen die übrigen Länder der Erde nur 0,7% der Patente. Den nichtindustrialisierten Ländern fehlen vor allem die technischen Ressourcen, um eine größere Rolle in der Biotechnologie zu spielen und so auch mehr Patente erlangen zu können.

2.6 Internationale Regime und genetische Ressourcen

Der Umgang mit genetischen Ressourcen wird durch verschiedene internationale Regime geregelt. Der Begriff „internationale Regime" wird seit etwa zwei Jahrzehnten bei der Analyse von internationalen Beziehungen verwendet und bezeichnet die Verregelung eines internationalen Problembereiches durch „ein Set von Prinzipien, Normen, Regeln und zugehörigen Entscheidungsprozeduren, welches das Verhalten internationaler Akteure in einem Problemfeld dauerhaft steuert und die Erwartungen der Akteure in Übereinstimmung bringt" (Krasner 1983: 2, Übersetzung nach Holtmann 1994: 270). Internationale Regime entstehen durch Verhandlungen zwischen Staaten. Ihr Zustandekommen ist aber nicht ohne die Mitwirkung von nichtstaatlichen Akteuren, wie Unternehmen, NGOs (Non Governmental Organizations), zivilgesellschaftlichen Gruppen und wissenschaftlichen Gemeinschaften erklärbar und setzt häufig langwierige Verhandlungsprozesse voraus (vgl. Brand et al. 2000: 111ff.). Für das Thema der Biopiraterie sind diejenigen internationale Regime von Interesse, die sich auf die Patentierung von genetischen Ressourcen beziehen bzw. die Vergabe von Eigentumstiteln an diesen regeln. Auch werden Deklarationen wie die Farmers' Rights dargestellt, und es wird erörtert, wie die internationalen Abkommen zueinander stehen und welche Widersprüche sich hieraus ergeben.

2.6.1 Das Abkommen zum Schutz geistigen Eigentums (TRIPs-Abkommen)

Das *Agreement on Trade Related Aspects of Intellectual Property Rights* (TRIPs-Abkommen) wird im Anhang 1C des Abkommens der *World Trade Organisation* (WTO) beschrieben und regelt die handelsbezogenen Aspekte geistiger Eigentumsrechte. Hierarchisch steht das TRIPs-Abkommen sowohl über den nationalen Patentgesetzen als auch über dem Europäischen Patentübereinkommen. Das TRIPs-Abkommen war Teil eines Pakets von Vereinbarungen, die in der so genannten Uruguay-Runde 1995 verhandelt worden waren. Mit deren Abschluss entstand 1995 eine Welthandelsorganisation mit weitreichenden Befugnissen, die neben der Regulierung des geistigen Eigentums auch die Liberalisierung und Deregulierung des Güterhandels durch das General Agreement on Tarifs and Trade (GATT) und von Dienstleistungen durch das General Agreement on Trade in Services (GATS) zum Ziel hat. Das bis dahin bestehende GATT wurde abgelöst (vgl. Seiler 2000a: 5ff.).[67] Zur Zeit gehören der WTO 148 Länder an (Oktober 2003). Die Beschlüsse der WTO haben völkerrechtliche Verbindlichkeit. Die neue Dimension der WTO besteht insbesondere darin, dass sie mit einer Streitschlichtungsinstanz, dem *Dispute Settlement Body* (DSB), über ein Streitschlichtungsverfahren (*dispute settlement*) verfügt, das als sanktionsbewehrter, supranationaler Mechanismus einzelne WTO Mitglieder durch das Verhängen von Strafmaßnahmen zur Umsetzung der in der WTO verabschiedeten Richtlinien zwingen kann (vgl. Wahl 2000: 409). Bei Nichtbefolgung des Schiedsspruchs drohen dem verurteilten Staat oder der verurteilten Staatengruppe drastische Strafen oder Entschädigungsleistungen an den Kläger (vgl. Brand et al. 2000: 105).

Das TRIPs-Abkommen soll zur Vereinheitlichung der IPR und zu einheitlichen Mindeststandards zum Schutz des geistigen Eigentums für alle Mitgliedsländer führen. Ziel ist die Schaffung eines weltweiten Schutzsystems intellektueller Eigentumsrechte. Von besonderem Interesse ist der Artikel 27, der die Patentrechte betrifft und erläutert, welche Erfindungen zu schützen sind. Der Artikel 27 des TRIPs-Abkommens ist in drei Absätze unterteilt (vgl. Benedeck 1998: 435f.):

- Absatz 1 besagt, dass alle Mitglieder der WTO Patente für Produkte und Prozesse erteilen müssen, die neu sind, eine Innovation darstellen und industriell anwendbar sind. Hierunter fallen auch die genetischen Ressourcen.
- Absatz 2 benennt die Ausnahmen, unter denen Patente nicht erteilt werden müssen. Diese Ausnahmen sind dann gegeben, wenn

das Patent den Schutz der öffentlichen Ordnung, der guten Sitten oder der Gesundheit von Mensch, Tier und Pflanze gefährdet.

- Absatz 3 benennt die Möglichkeit, Pflanzen und Tiere von der Patentierbarkeit auszunehmen. Der Patentierung von Mikroorganismen und mikrobiologischen Verfahren muss allerdings generell zugestimmt werden.[68] Für Pflanzensorten müssen Patente vergeben werden, wenn kein wirksames Schutzsystem eigener Art (sui-generis) als Alternative entwickelt wurde. Ein sui-generis-System stellt z.B. die UPOV-Konvention dar.

Durch das TRIPs-Abkommen wird einem Patent auf ein Produkt oder ein Verfahren eine Schutzdauer von 20 Jahren (Art. 33 TRIPs) gewährt. Während dieser Zeit kann Dritten verboten werden, dieses Produkt herzustellen bzw. das Verfahren anzuwenden, es zu benutzen oder zu verkaufen (Art. 28 TRIPs). Im Gegenzug müssen die AntragstellerInnen ihre Erfindungen so vollständig offenbaren, dass auch andere Personen in der Lage sind, die Erfindung nachzuvollziehen (Art. 29 TRIPs). Wichtig für die Bedeutung des TRIPs-Abkommens sind die erweiterten Möglichkeiten bezüglich der Umsetzungs- und Durchsetzungsmechanismen. Vor dem TRIPs-Abkommen war die *World Intellectual Property Organisation* (WIPO) die seit 1970 tätige Institution für gewerblichen Rechts- und Urheberschutz. Die WIPO besaß bereits Streitschlichtungsmechanismen, allerdings waren diese nicht so effektiv wie das Streitschlichtungsverfahren der WTO, das, wie bereits erwähnt, notfalls die Umsetzung des WTO-Rechts in nationales Recht erzwingen kann (vgl. Knirsch 2001: 1). Des Weiteren ist im TRIPs-Abkommen kein Vorteilsausgleich vorgesehen (s. Kap. 2.6.3). Wenn also genetische Ressourcen eines Landes genutzt werden, um daraus patentierbare Medikamente zu produzieren, gibt es keine Regelung, wie das Geberland an Gewinnen beteiligt wird.

Hinter dem TRIPs-Abkommen steht die Absicht, die Eigentumsrechte an den neuen technologischen Entwicklungen vor allem auch im Gentechnologiebereich durch international verbindliche und einklagbare Regeln global abzusichern. Derzeit wird noch kontrovers diskutiert, wie die Bestimmungen des TRIPs-Abkommens zu interpretieren sind. Es stellt sich z.B. die Frage, wie weit eigenständige sui-generis-Systeme anerkannt werden, wenn sie nicht mit dem übergreifenden Verständnis des westlichen Begriffs von geistigem Eigentum kompatibel sind.

2.6.2 Das Übereinkommen zum Schutz von Pflanzenzüchtungen (UPOV-Konvention)

Die Konvention der *Union International pour la Protection des Obtentions Végétales* (UPOV – *Internationaler Zusammenschluss zum Schutz von Pflanzenzüchtungen)* wurde 1961 unterzeichnet und trat 1968 in Kraft (vgl. www.upov.int/eng/index.htm). Ziel des Sortenschutzes ist es, ZüchterInnen exklusive Eigentumsrechte zuzusprechen. Dementsprechend müssen alle Staaten, die der UPOV-Konvention beitreten, einen Mindeststandard für die Pflanzenzüchterrechte garantieren. Die UPOV-Konvention ist dreimal, 1972, 1978 und 1991, geändert worden (vgl. www.upov.int/eng/conventions/index.htm). Die letzte Änderung von 1991 basierte vor allem darauf, dass es durch die Gentechnik zu einer immer stärker voranschreitenden Patentierung von genetischen Ressourcen kam und sich die UPOV-Konvention dieser neuen Bedeutung von Pflanzenpatenten anpassen musste.

Der Umfang des den ZüchterInnen zu gewährenden Rechtsschutzes wird in Artikel 14ff. definiert. Hiernach ist die Zustimmung der ZüchterInnen zur Erzeugung oder Vermehrung, zum Aufbereiten, Lagern, Feilhalten und Vertreiben sowie zum Import und Export von Vermehrungsmaterial ihrer Sorten erforderlich (UPOV-Akte 1991: Art. 14/1). Allerdings lässt das Sortenschutzrecht bezüglich des Saatguts zwei Ausnahmen zu (vgl. Heine 2002: 82):

a) Das Landwirteprivileg (Farmers' Privileg). Hierdurch wird LandwirtInnen das Recht auf Wiederaussaat von sortenrechtlich geschütztem Saatgut zugestanden (UPOV-Akte 1991: Art. 15/2) – nicht zu verwechseln mit den Farmers' Rights (s. Kap. 2.7).

b) Das Züchterprivileg: Es erlaubt den ZüchterInnen geschützte Sorten als Grundlage für neue Sortenzüchtungen zu verwenden, ohne dafür Lizenzgebühren zu zahlen und ohne die ursprünglichen SortenschutzinhaberInnen um Erlaubnis bitten zu müssen (UPOV-Akte 1991: Art. 15/1).

Allerdings wird in der UPOV-Akte 1991 im Vergleich zu der UPOV-Akte 1978 die generelle Möglichkeit des kostenlosen Nachbaus eingeschränkt. Hatte die UPOV-Akte 1978 das Landwirteprivileg noch *gefordert*, so wird es in der UPOV-Akte 1991 lediglich den nationalen Gesetzgebungen gestattet, den Nachbau *zu erlauben* (Art. 15/2 UPOV-Akte 1991). Des Weiteren verlangt die UPOV-Akte 1991, dass „im Wesentlichen abgeleitete Sorten", also beispielsweise alle gentechnisch veränderten Sorten[69], nicht ohne weiteres unter das Züchterprivileg fallen. Somit müssen ZüchterInnen einer im Wesentlichen abgeleiteten Sorte Kompensationszahlungen an den Sortenschutzinhaber leisten. Krämer (2000: 41) folgert hieraus einen inhaltlichen Bruch, da bei der UPOV-Akte 1978 üblicherweise Sortenschutz für Pflanzensorten unabhängig von den jeweiligen Methoden gewährt wurde. „Damit wird der überlegenen Rechtsposition des Patentrechts Rechnung getragen" (ebd.).

Die UPOV-Akte 1978 enthielt ein Doppelschutzverbot, dem zufolge es nicht möglich ist, sowohl Sortenschutz als auch Patentschutz für die gleiche Pflanzensorte oder -art zu erhalten (UPOV-Akte 79: Art. 2/1). Dieser Artikel fehlt bei der UPOV-Akte 1991. Wenn – wie bei der UPOV-Akte 1991 – auch weiter gehende Schutzrechte, wie z.B. Patente, zusätzlich zum Sortenschutz auf Pflanzenteile geltend gemacht werden können, werden sowohl das Landwirteprivileg als auch das Züchterprivileg ausgehöhlt, da diese nur – wenn überhaupt – für den Sortenschutz gelten. Die UPOV-Akte 1991 hatte bis zur Entstehung des TRIPs-Abkommens eher eine geringe Bedeutung. Da die UPOV-Konvention im TRIPs-Abkommen als Möglichkeit eines sui-generis-Systems benannt wird, ist es zu einem immensen Bedeutungsgewinn gekommen, der Ende der 1990er Jahre durch eine „Beitrittswelle" von Ländern bestätigt wird (vgl. Görg/Brand 2001: 472).

Tab. 9: Vergleich der wichtigsten Bestimmungen der UPOV-Akten (1978, 1991) sowie des Patentgesetzes (TRIPs)

	UPOV-Akte 1978	UPOV-Akte 1991	Patentgesetz (TRIPs)
Schutzversicherung	Pflanzensorten, die national festgelegt werden	Pflanzensorten aller Gattungen und Arten	Erfindungen
Voraussetzungen für die Schutzrechte	– Unterscheidbarkeit (a) – Stabilität (b) – Homogenität (c)	– Neuheit (d) – Unterscheidbarkeit – Stabilität – Homogenität	– Neuheit – Erfindung – Nicht-Offensichtlichkeit – Gewerbliche Anwendbarkeit – Nützlichkeit
Schutzdauer	Mindestens 15 Jahre	Mindestens 20 Jahre	Mindestens 20 Jahre
Schutzumfang	Konventionelle Nutzung von reproduktivem Pflanzensortenmaterial	Kommerzielle Nutzung von allem Material einer Pflanzensorte	Kommerzielle Nutzung des geschützten Produktes/Verfahren
Züchtervorbehalt	Ja	Nicht für im Wesentlichen abgeleitete Sorten	Nein
Landwirteprivileg	In der Praxis: Ja	Entscheidung der nationalen Gesetzgebung	Nein
Verbot des doppelten Schutzes	Ja	–	–

Quelle: van Wijk et al. 1993, nach Seiler 2000a: 25f., verändert

Bislang sind 53 Staaten der UPOV beigetreten (August 2003). Im Vergleich zum Patentrecht ist das Züchterrecht insgesamt ein schwächeres Schutzrecht. Tab. 9 fasst die Unterschiede zwischen den UPOV-Akten 78 und 91 und dem TRIPs-Abkommen zusammen.

(a) Nach der UPOV-Akte 1978 muss ein „wichtiges Merkmal" zur Unterscheidbarkeit vorhanden sein, bei der UPOV-Akte 1991 müssen sich neue Sorten nur noch „deutlich" von anderen Sorten unterscheiden.

(b) Stabilität im Sinne von erbstabil. Es muss eine Eigenschaftskonstanz innerhalb gewisser Toleranzgrenzen für die nachfolgenden Generationen gegeben sein.

(c) Homogen im Sinne hinreichender Einheitlichkeit in den maßgeblichen Merkmalen.

(d) Neuheit bedeutet, dass die Pflanzensorte noch nicht wie in einer in Artikel 6 beschriebenen Weise vertrieben worden sein darf. Neu sind also auch Pflanzen, die bisher nur in der Natur vorkamen oder in Gesellschaften ohne organisierte Vertriebssysteme. Begründet wird die Möglichkeit der Anmeldung einer entdeckten Pflanzensorte mit der Annahme, dass nur Sorten, die von ZüchterInnen gepflegt und erhalten werden, der Allgemeinheit zur Verfügung stehen. Diese sollen auch im Falle aufgefundener Sorten hierzu motiviert werden (vgl. Pernicka 2001: 89).

Durch die Bezugnahme des Züchterrechts auf die vorliegende Sorte werden alle Eigenschaften dieser Sorte geschützt. Jedoch ist nur die Sorte als Ganzes geschützt. Sobald bestimmte Eigenschaften aus der Sorte herausgelöst und in andere Sorten eingekreuzt werden, genießen diese Eigenschaften keinen Schutz mehr. In den 1930er bis 1960er Jahren hatte das Züchterrecht eindeutig Vorrang vor dem Patentrecht, was vor allem mit dem zu dieser Zeit noch hohen Stellenwert der landwirtschaftlichen Produktion in bäuerlichen Betrieben erklärt werden kann. Das veränderte sich aber in der darauf folgenden Zeit und das Patentrecht gewann stetig an Bedeutung. So ist es auch kein Zufall, dass vor allem in den USA und in Japan, also Ländern mit einem geringen Anteil an landwirtschaftlicher Produktivbevölkerung, die Patentgesetzgebung am schnellsten an Bedeutung gewann (vgl. Bauer 1993: 244).

2.6.3 Das Übereinkommen über die biologische Vielfalt (CBD)

Auf internationaler Ebene wurde seit Ende der 1980er Jahre verstärkt an einem Abkommen gearbeitet, das zu einem umfassenden Schutz der Biodiversität führen sollte. Schließlich wurde 1992 auf der UN-Konferenz für Umwelt und Entwicklung (UNCED) in Rio de Janeiro das *Übereinkommen über die biologische Vielfalt* (Convention on Biological Diversity – CBD) verabschiedet. Die CBD trat 1993 in Kraft und ist ein völkerrechtlich verbindliches Vertragswerk, dem mittlerweile 188 Staaten beigetreten sind (November 2003, www.biodiv.org). Ziel der CBD ist die

„Erhaltung biologischer Ressourcen, die nachhaltige Nutzung ihrer Bestandteile und die ausgewogene und gerechte Aufteilung der sich aus der Nutzung der genetischen Ressourcen ergebenden Vorteile, insbesondere durch angemessenen Zugang zu genetischen Ressourcen und angemessener Weitergabe der einschlägigen Technologien" (Art. 1 der CBD www.biodiv-chm.de/textcbd/textcbd.htm).

Die CBD geht über die zuvor vorhandenen internationalen Umweltabkommen hinaus, da sie zum einen nicht gebietsbezogen oder artenspezifisch angelegt ist, sondern die Biodiversität als Ganzes schützen soll. Bisherige Umweltabkommen wie Ramsar[70] oder CITES[71] waren auf bestimmte Themenfelder wie den Schutz bestimmter Gebiete (Ramsar) oder die Einschränkung des Handels mit bestimmten bedrohten Pflanzen- und Tierarten (CITES) beschränkt. Zum anderen verbindet die CBD den Gedanken des Schutzes mit dem Gedanken des Nutzens. Um den Schutz der genetischen Ressourcen zu gewährleisten, soll nach den Regelungen des Übereinkommens den genetischen Ressourcen ein Marktwert zugeordnet werden (vgl. Seiler 1998: 41f.). Die CBD ist also kein reines Umweltschutzabkommen, sondern auch ein Abkommen, das die wirtschaftliche Nutzung von und den Zugang zu genetischen Ressourcen regeln soll. Die Idee der CBD ist die Schaffung von Anreizen für eine Inwertsetzung der Biodiversität im Hinblick auf die durch die Bio- und Gentechnologie enorm gestiegene Bedeutung der genetischen Ressourcen. Die volkswirtschaftliche Bedeutung dieser Ressourcen wird dadurch immens erhöht, womit wiederum auch der Schutz dieser Ressourcen erreicht werden soll (Görg et al. 1999: 9). Mit der CBD wurde die nationale Souveränität über die biologische Vielfalt völkerrechtlich verbindlich festgeschrieben (CBD Präambel und Art. 3). Das bedeutet allerdings nicht, dass die Staaten auch die Eigentümer der genetischen Ressourcen wären. Nationale Souveränität heißt zunächst nur, dass Staaten das Recht haben, Regeln und Gesetze zum Umgang mit den genetischen Ressourcen festlegen zu können. Letztlich sind sie aber verpflichtet, den Zugang (access) zu den genetischen Ressourcen zu gewährleisten (ebd. Art. 15). Der Zugang zu den genetischen Ressourcen ist geregelt und beinhaltet:

1. „prior informed consent" (PIC, Art. 15.5 CBD): die vorherige informierte Zustimmung der Geberländer, die von den Interessenten vor der Entnahme des genetischen Materials eingeholt werden muss.

2. „mutually agreed terms" (MAT, Art. 15.4 CBD): die einvernehmlich festgelegten Bedingungen für den Zugang zu den genetischen Ressourcen.

3. „fair and equitable sharing of benefits" (im Folgenden: benefit sharing, Art. 1 CBD): die faire und gerechte Aufteilung der Gewinne.

PIC und MAT sollen die Mitsprache und Mitbestimmung der Geberländer, d.h. der Länder, die ihre biologischen Ressourcen den Firmen zur Verfügung stellen, erhöhen. Das benefit sharing soll gewährleisten, dass der aus der Nutzung der genetischen Ressourcen gezogene Vorteil bzw. die potentiellen Gewinne gerecht aufgeteilt werden, und kann auf verschiedene Arten erfolgen, wie z.B. durch (vgl. Art. 15, 16, 19; WBGU 1996: 177f.):

- ausgewogene und gerechte Teilung der Ergebnisse der Forschung und Entwicklung
- ausgewogene und gerechte Teilung der sich aus der kommerziellen und sonstigen Nutzung der genetischen Ressourcen ergebenden Vorteile
- eine Pauschalzahlung als finanzielle Kompensation
- Bezahlung pro bereitgestelltem Muster
- Gewinnbeteiligung an den Lizenzgebühren eines später vermarkteten Produkts, abhängig von der Nähe des Endprodukts zur Ausgangssubstanz und von dem durch den Anbieter geleisteten eigenen Beitrag

Bisher ist noch offen, wie genau PIC, MAT und benefit sharing ausgestaltet werden. In Bezug auf benefit sharing finden sich bisher nur sehr schwache Schlüsselwörter im Vertragstext, worin benefit sharing z.B. zwar als Ziel formuliert, jedoch nicht als die Bedingung für den Zugang vorausgesetzt wird (vgl. Brand/Görg 2001: 29f.). Indigene Völker und lokale Gemeinschaften werden in der CBD als wichtige Akteure benannt (Art. 8j CBD). Wie Brand und Görg (2001: 31) ausführen, steht Artikel 8j allerdings in einem Spannungsverhältnis mit der Zuschreibung von nationaler Souveränität über die genetischen Ressourcen. Artikel 8j der CBD besagt:

- Das Wissen, die Kenntnisse und die Bräuche indigener und lokaler Gemeinschaften mit traditionellen Lebensweisen, die für die

Erhaltung und nachhaltige Nutzung der biologischen Vielfalt von Belang sind, sollen geachtet, bewahrt und erhalten werden.

- Die breite Anwendung von traditionellem Wissen soll begünstigt werden.
- Die gerechte Teilung der aus der Nutzung dieser Kenntnisse und Bräuche entstehenden Vorteile soll gewährleistet sein.
- Den indigenen Völkern wird keine eigenständige Souveränität gegenüber dem Staat eingeräumt.

Wichtig bezüglich des Geltungsbereichs ist schließlich, dass die CBD nur den Zugang zu den in der Natur befindlichen genetischen Ressourcen regelt. Sie regelt nicht den Zugang zu den vor dem Inkrafttreten der CBD, also vor dem 29. Dezember 1993 gesammelten ex situ Ressourcen, die sich vornehmlich in Genbanken, botanischen und zoologischen Gärten befinden (CBD Art. 15.3). Dies sind vor allem die für die Landwirtschaft zentralen Genbanken der internationalen Agrarforschungseinrichtungen (IARCs). Des Weiteren beinhaltet die CBD weitgehende Regelungen bezüglich der Patentierung der genetischen Ressourcen. In Artikel 16.2 und 16.5 wird die Anerkennung eines wirkungsvollen Schutzes geistiger Eigentumsrechte gefordert und dies zur Voraussetzung für das benefit sharing gemacht. Hierzu merkt Seiler (1998) an

„Sie [die CBD] verpflichtet ihre Vertragsparteien - unabhängig von einer WTO-Mitgliedschaft und ohne Übergangsfristen - bei der Umsetzung des von ihr angestrebten Technologietransfers zur Anerkennung eines angemessenen und wirkungsvollen Schutzes der die zu transferierenden Technologien umgebenden Rechte des geistigen Eigentums." (Seiler 1998: 33).

Folglich gehen ihre Bestimmungen zur Anerkennung von Patenten im Prinzip über die Forderungen des TRIPs-Abkommens hinaus, auch wenn es sich bei der CBD nicht um ein Patentabkommen handelt.

2.6.4 Der International Treaty on Plant Genetic Resources for Food and Agriculture (IT)

Im November 2001 wurde der *International Treaty on Plant Genetic Resources for Food and Agriculture* (IT) innerhalb der Food and Agriculture Organisation (FAO) verabschiedet. Es handelt sich bei dem internationalen Saatgutvertrag um ein Vertragswerk zur Sicherung der Vielfalt der pflanzengenetischen Ressourcen für Landwirtschaft und Ernährung (Plant Genetic Resources for Food and Agriculture - PGRFA). Hintergrund dessen war die Sorge um den Verlust der Agrobiodiversität durch die Industrialisierung der Landwirtschaft und die Grüne Revolution. Durch den IT sollen pflanzengenetische Ressourcen von ökonomischem bzw. sozialem Interesse sondiert, bewahrt und evaluiert werden. Diese sollen für die Wissenschaft und Pflanzenzüchtung, insbesondere für die Landwirtschaft zur Verfügung stehen (vgl. Seiler 2003).

Der IT basiert auf dem *International Undertaking* (IU www.fao.org/ag/cgrfa/IU.htm), dessen frühere Fassung bereits aus dem Jahr 1983 stammt. Sicherung der Vielfalt bedeutete im Sinne des IU den freien Zugang zu den weltweiten Beständen an PGRFA, also auch zu PGRFA, die auf züchterischen Leistungen beruhen. Als Problem wurde der kostenlose „Genfluss" von Süden nach Norden, also von den südlichen Ländern zu den Industrieländern gesehen, während in die andere Richtung, also von Nord nach Süd, nur kommerzielles und damit teures Saatgut transportiert wurde. Der Lösungsansatz bestand nun in der Deklaration der PGRFA als „gemeinsames Erbe der Menschheit". Das Prinzip des gemeinsamen Erbes der Menschheit bedeutet nicht, dass alle NutzerInnen ohne Regelung einen freien, ungeregelten Zugang zu allen Ressourcen haben sollen. Vielmehr geht es um eine geregelte Ressourcennutzung und -bewirtschaftung und eine schonende Behandlung der PGR. Durch die Verabschiedung der CBD musste das IU reformiert werden, da es von der CBD rechtlich überlagert wurde. Denn diese unterstellt die genetischen Ressourcen der nationalen Souveränität (vgl. Flitner 1999: 60ff.). Nach langjährigen Verhandlungen entstand Ende 2001 der IT.

In den Verhandlungen um den IT, die im November 2001 zum Abschluss kamen, wurde von der Forderung nach freiem Zugang zu allen PGRFA Abstand genommen. Vielmehr soll jetzt ein *multilaterales System* (MS) errichtet werden. Dieses multilaterale System enthält eine Auswahl von PGRFA, die für die Welternährung eine wichtige Rolle spielen. Man einigte sich auf 35 Nahrungs- und 29 Futtermittelpflanzenarten, die das multilaterale System enthalten soll. Hierzu gehören beispielsweise der Hafer, Weizen, Kartoffel (außer Solanum phureja), Reis, Mais (außer Zea perennis, Zea diploperennis, Zea luxurians). Allerdings sind einige für die Welternährung wichtige Pflanzen wie z.B. die Sojabohne (Glycine spec.) ausgenommen. Die Pflanzen in dem multilateralen System sollen nicht patentierbar, sondern frei zugänglich sein, was bedeutet, dass sie frei ausgetauscht und nachgebaut werden dürfen und mit ihnen weitergezüchtet werden kann. Ein Lenkungsorgan (Governing Body), das sich aus den VertreterInnen aller Mitgliedstaaten zusammensetzt, soll die Umsetzung des Vertrags kontrollieren (vgl. Seiler 2003). Bisher wurde der Vertrag von 78 Staaten unterzeichnet, von denen 15 Länder bereits ratifiziert haben (November 2003: vgl. www.fao.org/legal/Treaties/033s-e.htm).

2.7 Die Farmers' Rights (FR)

Die Farmers' Rights sind eine von Bauerngemeinschaften aufgestellte Deklaration, die keinen verbindlichen oder gar völkerrechtlichen Status hat und daher gesondert von den dargestellten internationalen Abkommen betrachtet werden muss. Die Deklaration richtet sich gegen den Patentschutz in seiner restriktiven Form, wie er sich beispielsweise im TRIPs-Abkommen findet. Die Farmers' Rights wurden in Artikel 9 des IT aufgenommen und werden nach der FAO Resolution 5/89 definiert als

„rights arising from the past, present and future contributions of farmers in conserving, improving, and making available plant genetic resources, particularly those in the centres of origin/diversity. These rights are vested in the International Community as trustee for present and future generations of farmers in order to ensure full benefits for farmers, and supporting the continuations of their contributions" (FAO/CPGR 1989: www.fao.org/ag/cgrfa/farmers.htm).

Im IT wird die Leistung der LandwirtInnen anerkannt, die Kulturpflanzen über die Jahrhunderte hinweg weiterentwickelt und konserviert zu haben. Genau genommen handelt es sich um eine „in situ on farm Erhaltung" der PGR durch die LandwirtInnen.

„The Contracting Parties recognize the enormous contribution that the local and indigenous communities and farmers of all regions of the world, particularly those in the centres of origin and crop diversity, have made and will continue to make for the conservation and development of plant genetic resources which constitute the basis of food and agriculture production throughout the world" (IT, Art. 9).

Die Farmers' Rights sollen ein Gegengewicht zu den IPR darstellen. Das wird damit begründet, dass eine neue von ZüchterInnen entwickelte Sorte in den meisten Fällen eine Weiterzüchtung ist. Diese beruht auf den alten Landsorten, die seit Jahrhunderten von LandwirtInnen benutzt, bewahrt und weiterentwickelt wurden. Durch die Farmers' Rights soll den LandwirtInnen das Recht zugebilligt werden, das gekaufte Saatgut aufzubewahren, nachzubauen, auszutauschen und weiterzüchten zu dürfen. Hieraus folgt eine Einschränkung des geistigen Eigentums an PGR, wie es von Pharma- und Agrarunternehmen gefordert wird (vgl. Buntzel-Cano 2000: 3). Denn durch die IPR werden sowohl Nachbau, Austausch als auch Weiterzüchtung untersagt. Die Farmers' Rights finden sich nur in einer abgeschwächten Form als Farmers' Privileg im Züchterrecht wieder (s. Tab. 9). Ansonsten haben sie nur noch im IT eine Bedeutung.

3. Regulation der Biodiversität

> „all ecological projects are simultane-
> ously political-economic projects and
> vice versa. Ecological arguments are
> never socially neutral any more than
> socio-political arguments are ecolo-
> gically neutral. Looking more closely at
> the way ecology and politics interrelate
> then becomes imperative if we are to
> get a better handle on how to approach
> environmental/ecological questions"
> (Harvey 1993: 25).

In diesem Kapitel soll anhand von regulationstheoretischen und politisch-ökologischen Ansätzen das Verhältnis von Ökologie, Ökonomie und Politik aufgezeigt und analysiert werden. Nach Brand und Görg (2000: 94) liegt der Grundfehler bei Einschätzungen der Ökologieprobleme in der Trennung von sozialen und ökologischen Problemen und in einer fehlenden Betrachtung innergesellschaftlicher Verteilungskonflikte und Machtverhältnisse.[72] Es wird hier daher von einem Zusammenspiel und einer Überlagerung ökologischer und sozio-ökonomischer Aspekte ausgegangen, die sich im Ganzen als „gesellschaftliche Naturverhältnisse" (Görg 1999; s. Kap. 3.2.2) darstellen. Während im ersten Teil des Kapitels das „Konfliktfeld Biodiversität" im Zusammenhang mit kapitalistischen Wirtschaftsweisen analysiert wird, liegt der Schwerpunkt des zweiten Teils in der Betrachtung von Zugangs- und Verteilungskonflikten um genetische Ressourcen.

3.1 Einführung der Regulationstheorie zur Erklärung des gesellschaftlichen Umgangs mit genetischen Ressourcen

Mit der Regulationstheorie kann die ökonomische Inwertsetzung der genetischen Ressourcen durch Patente und der gesellschaftliche Umgang mit natürlichen Ressourcen analysiert und historisch zugeordnet werden. Der Grundstein der Regulationstheorie[73] wurde in Frankreich von Michel Aglietta (1976) mit „Régulation et crises du capitalisme" gelegt. Allgemein beschreibt die Regulationstheorie die Veränderungsprozesse kapitalistischer Gesellschaften und deren Formen fortwährender Stabilisierungsarbeit hinsichtlich dieser potentiell krisenhaften Systeme. Dabei geht sie von der Grundannahme aus, dass diese Entwicklung durch eine Abfolge voneinander unterscheidbarer Phasen differenziert werden kann. Die spezifische Ausformung der Entwicklung wird wesentlich bestimmt durch die politisch-sozialen Auseinandersetzungen und die jeweiligen historischen Kräfteverhältnisse (vgl. Hirsch 1993: 195f.).[74] Hierbei ist der Prozess der Regulation ein komplexer Zusammenhang von gesellschaftlicher und ökonomischer Struktur, Institutionen, Normen und Wertvorstellungen und beschreibt, wie sich bestimmte soziale Verhältnisse „trotz oder wegen [ihres] ... konfliktorischen und widersprüchlichen Charakters reproduzieren" (Lipietz 1985: 109). Der Begriff der Regulation bezeichnet also den Prozess als solchen und ist vom Begriff der Regulierung zu unterscheiden, da letzterer die aktive Intervention von (staatlichen) Akteuren beschreibt (vgl. Brand et al. 2000: 51).

3.1.1 Akkumulationsregime und Regulationsweise

Die Regulationstheorie verwendet bestimmte Begrifflichkeiten zur Beschreibung der jeweiligen gesellschaftlichen Entwicklungsweisen, das „Akkumulationsregime" und die „Regulationsweise", die nachfolgend erläutert werden.

Ein „Akkumulationsregime" bezeichnet eine über einen gewissen Zeitraum kohärente gesellschaftliche Entwicklung auf einer bestimmten makroökonomischen Ebene. Es ist verbunden mit einer spezifischen Form der Kapitalakkumulation. Mit dem Begriff „Kapitalakkumulation" wird die möglichst optimale Nutzung der gesellschaftlichen Potentiale wie natürliche, menschliche, technologische und Kapitalressourcen beschrieben (vgl. Brand 2000: 93). Zu einem Akkumulationsregime gehören auch die Beziehungen zwischen bestimmten gesellschaftlichen Bereichen, die direkt der kapitalistischen Verwertung unterliegen, und solchen, die nicht unmittelbar verwertet werden. Auch die spezifischen gesellschaftlichen Naturverhältnisse (s. Kap. 3.2.2) und die Produktion und Aneignung von Wissen spielen eine Rolle. Insgesamt wird in der Regulationstheorie die historische Entwicklung des Kapitalismus als eine sich immer weiter vertiefende Kapitalisierung gesellschaftlicher Bereiche beschrieben. Weiterhin sind als Teil des Akkumulationsregimes die Form der Mehrwertproduktion und die damit in Zusammenhang stehenden Beziehungen zwischen Produktionsmittel- und Konsumgütersektor zu nennen sowie das Geschlechterverhältnis (vgl. Hirsch 2001a: 174).

Die „Regulationsweise" beschreibt die „Gesamtheit institutioneller Formen, Netze und expliziter Normen, die die Vereinbarkeit von Verhaltensweisen im Rahmen eines Akkumulationsregimes sichern" (Lipietz 1985: 121). Jede (kapitalistische) Gesellschaft benötigt ein

Netzwerk aus verschiedenen Instutionen, die die unterschiedlichen und sich zum Teil widersprechenden Interessen miteinander konkurrierender Individuen, Gruppen und Klassen in einer der Kapitalakkumulation vereinbaren Weise aufeinander zu beziehen vermag (vgl. Hirsch 1993: 196). Hierbei ist die Entwicklung von Regulationsweisen nicht direkt aus den jeweiligen strukturellen Voraussetzungen des kapitalistischen Verwertungsprozesses zu schlussfolgern. Vielmehr wird die Regulationsweise auch bedeutend von sozialen Bewegungen und Konflikten und den daraus entstehenden Kompromissbildungen bestimmt. Die konkreten Regulationsweisen sind daher als Folge von sozialen Auseinandersetzungen und Kräfteverhältnissen, die sich im Staat verdichten, zu sehen.

Unter einer „Regulation der Naturverhältnisse" wird „eine gesellschaftlich spezifische Form der Stabilisierung symbolischer wie materieller Naturbeziehungen" (Görg 1998: 39) verstanden. Welche Probleme und Konflikte diese Regulation beinhaltet und welche Folgen bestimmte Regulationsweisen haben, wird in diesem Kapitel noch aufgezeigt werden müssen. Mit Regulation von Naturverhältnissen ist nicht deren Regulierung durch den Staat oder durch internationale Organisationen gemeint, sondern vielmehr deren Reproduktion innerhalb bestimmter gesellschaftlicher Systeme und innerhalb eines spezifischen Zeithorizontes. Diese Reproduktion beinhaltet keinen geradlinigen, deterministischen Ablauf, sondern einen konfliktreichen und widersprüchlichen Prozess (vgl. ebd.).

3.1.2 Historische Entwicklung der Kapitalakkumulation

In diesem Kapitel wird der Frage nachgegangen, wie sich historisch in den Industrieländern ein veränderter gesellschaftlicher Umgang mit den genetischen Ressourcen herausgebildet hat und wie dieser neue Umgang charakterisiert werden kann.

3.1.2.1 Fordistische Akkumulation und deren Auswirkungen auf die Agrobiodiversität

Als „Fordismus" wird die analytische Fassung einer Phase des Kapitalismus im 20. Jahrhundert bezeichnet. Die Benennung ist auf den Namen des Automobilbauers Henry Ford zurückzuführen, der Anfang 1915 die Massenproduktion und die Fließbandfertigung einführte. Die Fließbandproduktion ermöglichte der Ford Motor Company, die jährlichen Produktionszahlen ihres T-Modells von ca. 300.000 Exemplaren (1914) auf mehr als zwei Millionen Exemplare (1923) zu steigern. Gleichzeitig wurde in diesem Zeitraum der Verkaufspreis um ca. 60% gesenkt. Dies wiederum ermöglichte den für dem Fordismus typischen Massenkonsum (vgl. Hübner 1988: 99). Gleichzeitig wurde eine als „Taylorismus" bezeichnete Rationalisierung der Arbeitsgänge vorgenommen (vgl. Hübner 1988: 98ff.).[75] Bestimmende Merkmale des Fordismus sind weiterhin die Erschließung und der Zugang zu billigen, fossilen wie biologischen, Rohstoffen und die besonders nach dem 2. Weltkrieg fortschreitende Kapitalisierung bis dahin noch nicht unmittelbar monetär verwerteter Teile der Gesellschaft. Dieser Prozess wird auch als „innere Landnahme" (Lutz 1989) bezeichnet. Diese „innere Landnahme" wird in Analogie zu der „äußeren Landnahme" des Kolonialismus gesehen und eröffnet, wie diese, neuartige Expansionchancen des Kapitals (vgl. Lutz 1989: 213f.). Wie später gezeigt werden wird, folgt im Postfordismus eine zweite Episode, also eine Ausweitung der inneren Landnahme auf molekularer Ebene durch die Patentierung von Gensequenzen.

Im Agrarbereich kann als „innere Landnahme" die Privatisierung der Zuchtarbeit angesehen werden. Bis Ende des 19. Jahrhunderts ist die Pflanzenzucht noch die Aufgabe der LandwirtInnen gewesen. Wie bereits im ersten Kapitel dargestellt, hatten diese in Jahrhunderte langer Zuchtarbeit die jeweils regional angepassten Landsorten entwickelt. Mit dem Aufkommen der modernen Pflanzenzüchtung Anfang des 20. Jahrhunderts wurde die Züchtung vermehrt von privaten Unternehmen übernommen. Zur gleichen Zeit wurde die Selektionszüchtung zur Kreuzungszüchtung weiterentwickelt. Die Kreuzungszüchtung besteht aus drei Schritten (vgl. Bent et al. 1987: 13f.):
- der Suche nach Organismen mit bestimmten vererbbaren Eigenschaften,
- der Vermehrung dieser Organismen,
- der Selektion auf Pflanzenlinien, die die Eigenschaft in einer mit anderen gewünschten Eigenschaften kombinierbaren Form weitergeben.

Die privaten ZüchterInnen waren allerdings auf die Grundlagenarbeit der staatlichen Zuchtinstitute angewiesen. Die Arbeit der Pflanzenzüchtung bestand meist darin, die bereits existierenden Pflanzensorten zu optimieren. Als Quelle dienten hierfür immer noch die alten Land- und Wildsorten, weshalb der Zugang zu diesen Sorten auch mit der Entwicklung der modernen Hochertragssorten zentral blieb (und bleibt) (vgl. Bauer 1993: 11f.). Die zentrale symbolische Bedeutung, die im Fordismus innerhalb der industriellen Produktion dem Automobil zukam, nahm im Agrarbereich der Mais ein. Zwischen 1935 und 1955 kam es zu einer Verdopplung der Erträge und zwischen

1955 und 1985 sogar zu einer Versechsfachung (vgl. Brand 2000: 179). Die Steigerung der Erträge wurde durch die Hybridzüchtung und die gleichzeitige Industrialisierung der Landwirtschaft ermöglicht. Als Hybridzüchtung wird ein besonderes Zuchtprogramm bezeichnet, bei dem zwei verschiedene Elternlinien über mehrere Jahre in Inzucht vermehrt werden, bis daraus eine relativ reinerbige Pflanzenlinie entsteht.[76] Nun kann sich über Kreuzung dieser beiden nicht verwandten Inzuchtstämme ein so genannter „Heterosis-Effekt" einstellen, was bedeutet, dass die folgende Generation die beiden Elternteile an Leistung bezüglich der gewünschten Merkmale übertrifft. Die Nachkommen dieser Pflanzengeneration werden sich jedoch „auseinander mendeln" und insgesamt eine stark verminderte Leistung erbringen (vgl. Mooney 1981: 87).[77]

Die Hybridzüchtung führte nicht nur zu einer Erhöhung der Erträge, sondern löste gleichzeitig ein bis dahin bestehendes ökonomisches Problem der ZüchterInnen. Saatgut ist nicht nur ein Produkt, dass von den LandwirtInnen zur Aussaat immer wieder eingekauft werden muss, sondern auch gleichzeitig vermehrungsfähiges Material. Es kann demzufolge wieder als Grundlage für die darauf folgende Aussaat dienen, indem ein Teil der Ernte zurückbehalten wird. LandwirtInnen kaufen also nur dann neues Saatgut, wenn der Saatgutpreis durch einen Mehrertrag nicht nur ausgeglichen wird, sondern sich auch eine Gewinnmarge ergibt (s. Kap. 4.3.3.2). Die Hybridzüchtung hatte nun für die LandwirtInnen zur Folge, dass diese, bei optimalem Input von Wasser, Dünger und Pestiziden, in der ersten Generation mit einem höheren Ertrag von 15 bis 30% rechnen konnten, jedoch jedes Jahr wieder neues Saatgut kaufen müssen, da sich die Wiederaussaat nicht lohnte. Kloppenburg (1988: 97) spricht daher auch von einem „ökonomisch sterilen Saatgut", das sozusagen einen „biologischen Sortenschutz" besitzt. Mit der Entstehung von Hybridsorten veränderten sich demnach die Abhängigkeitsverhältnisse der LandwirtInnen von den ZüchterInnen. Dieser Prozess verlief allerdings nicht gradlinig, sondern war gezeichnet von Auseinandersetzungen zwischen den Interessen der verschiedenen Akteure (s. Kap. 4.3.3 und 5.3).[78]

Durch die Privatisierung der Saatgutproduktion wurden die LandwirtInnen stärker in das kapitalistische System integriert und es entwickelte sich in den 1940er Jahren die industrielle Saatgutproduktion. Große Unternehmen entstanden und ersetzten schließlich die staatliche Saatgutzüchtung. Diese Privatisierung wurde durch die Schaffung von Eigentumsrechten an Saatgut rechtlich abgesichert. Aus Sicht der Regulationstheorie lässt sich sagen, dass Saatgutzüchtung und Saatgutproduktion im Fordismus zum Medium der Kapitalakkumulation wurden (vgl. Brand 2000: 255). Gleichzeitig zum Saatgutgeschäft entwickelte sich das Geschäft mit Agrarchemikalien (dies sind Pestizide, Insektizide und Fungizide im Schädlingsbekämpfungsbereich und Fertilizer als Düngemittel).

3.1.2.2 Krise des Fordismus und der fordistischen Regulation der Agrarwirtschaft

Die Krise des Fordismus wurde Ende der 1960er Jahre durch eine Verringerung des wirtschaftlichen Wachstums eingeleitet.[79] Mit „Krise" wird in der Regulationstheorie eine Krise der *vorherrschenden Akkumulations- und Regulationsweisen* bezeichnet. In deren Verlauf kommt es in einem konflikthaften Prozess, der als „gesellschaftlicher Suchprozess" bezeichnet werden kann, zu neuen, aktualisierten Anpassungen an die jeweiligen wirtschaftlichen, politischen und kulturellen Umstände (vgl. Hirsch 2001a: 175). Nach der Regulationstheorie lag die Krise des Fordismus insbesondere in unzureichenden Produktivitätsreserven, also in nicht ausreichenden Wachstumsbedingungen des fordistischen Akkumulationsmodells und hing eng mit den internationalen Strukturen des kapitalistischen Systems zusammen.[80] Als Reaktion auf die Krise mussten eine neue Regulationsweise (im Sinne von verschiedenen adaptiven Regulierungen) und neue Formen der Akkumulation gefunden werden, was u.a. zur Entwicklung neuer Technologien führte (vgl. Hein 1999: 22).[81]

Die Krise des Fordismus ist eng mit dem „Globalisierungsprozess" verknüpft. Zeigte sich im Fordismus der Zusammenhang von Akkumulationsregime und Regulationsweise insbesondere auf nationalstaatlicher Ebene, so müssen im Postfordismus diese Zusammenhänge neu erfasst werden.[82] Allgemein kann der Prozess „Globalisierung" mit der „Ausweitung des Welthandels, der Zunahme von grenzüberschreitenden Direktinvestitionen [und] der Entwicklung von globalen Kapitalmärkten" (Altvater/Mahnkopf 1999: 31) beschrieben werden. Dieser Prozess wird durch die Regierungen der Industrieländer vorangetrieben, die neoliberale Marktprozesse politisch stärken und durch internationale Organisationen wie IWF, WTO und Weltbank regulieren. Hierbei ist der Prozess der Globalisierung kein natürlicher Vorgang oder direkte Folge beabsichtigten Handelns, sondern das Resultat äußerst widersprüchlicher und konfliktreicher auch nicht-intendierter Handlungen (vgl. Hirsch 1998: 27). Im Verlauf der so genannten „kapitalistischen Restrukturierung" (Brand 2000: 99) kommt es zur Herausbildung neuer Akkumulations- und Regulationsweisen, die mit dem Begriff der „postfordistischen Regulation" gefasst werden können und auch als „neoliberale Globalisierung" bezeichnet werden, da es sich vor allem um die Durchsetzung neoliberaler Ideologien handelt.[83]

In der Regulationstheorie wird das globale kapitalistische System als ein komplizierter und komplexer Zusammenhang verschiedener Nationalstaaten gesehen, die ihre jeweils spezifischen Akkumulationsweisen und Regulationsformen haben. Hierbei werden insbesondere die Nationalstaaten als Ausgangspunkt der Analyse genommen, da sich auf diesem Terrain die Interessen der einzelnen Akteure und deren soziale Beziehungen verdichten (vgl. Hirsch 1993: 198). Das internationale System ist hierbei nicht als Summe der einzelnen, nationalen Interessen und Formationen zu sehen. Vielmehr kommt es im internationalen System wiederum zu einer Verdichtung von Interessen und Machtkonstellationen (von Nationalstaaten, Unternehmen, nichtstaatlichen Organisationen, internationalen Institutionen usw.). Auf der globalen Ebene erreichen solche Länder eine Dominanz, die kohärente Akkumulations- und Regulationsmodi entwickeln und diese international durchsetzen können. Die ökonomische Dominanz, die sich durch eine Konzentration von Waren-, Geld- und Kapitalströmen auf die eigene nationale Ökonomie auszeichnet, wird des Weiteren durch technologische Vorsprünge und die Position in den Schlüsselproduktionen, vor allem Mikroelektronik, moderne Kommunikationssysteme und Life Sciences, gestützt (vgl. Hirsch 1993: 200). Globalisierung kann daher auch als „umkämpfte Wachstumsstrategie auf lokaler, nationaler und internationaler Ebene verstanden werden" (ebd.: 100) und ist Teil intendierten Handelns ökonomischer und politischer Akteure. In Folge dieser Entwicklung kommt es zu einer weitreichenden Veränderung und Verschiebung der gesellschaftlichen Kräfteverhältnisse, was insbesondere das Verhältnis von Politik und Ökonomie betrifft. In dem Prozess der neoliberalen Globalisierung gewinnen nichtstaatliche Akteure, wie Unternehmen, Kapitalbesitzer und NGOs, eine immer wichtigere Rolle (vgl. Altvater/Mahnkopf 1999: 31ff.).

In Bezug auf das Naturverhältnis war der Fordismus durch eine praktisch schrankenlose Ausbeutung und Zerstörung der natürlichen Ressourcen geprägt. Im Postfordismus bekommen nun bestimmte Ressourcen wie die genetischen Ressourcen einen hohen Stellenwert, weshalb neue Formen der Erhaltung dieser Ressourcen geschaffen werden müssen. Durch Kommodifizierung dieser Bereiche werden vormals frei zugängliche und frei verfügbare Ressourcen in Privateigentum überführt. Neben den allgemeinen Widersprüchen und Krisen im Fordismus bilden sich im Umgang mit der Biodiversität spezifische Widersprüche aus (vgl. Brand 2000: 186ff.):

1. Die moderne Landwirtschaft zerstört ihre eigenen, zur kontinu-ierlichen Produktion wichtigen Grundlagen, die Landsorten.
2. Die Saatgutkonzerne fordern den freien Zugang zur natürlichen Biodiversität, während sie andererseits ihre eigenen Produkte durch exklusive Eigentumsrechte absichern.
3. Das traditionelle Wissen, das bis dahin in den modernen Gesell-schaften eine marginale Rolle gespielt hatte, erlangt für die Nut-zung der Biodiversität eine neue Bedeutung. Gleichzeitig sind die TrägerInnen dieses Wissens weiterhin marginalisiert.

In der Krise des Fordismus wurden die Probleme der Hybridzüchtung und Uniformierung wahrgenommen und es bildeten sich neue For-men von Regulierungen aus. Während einerseits die Saatgutzüchtungs-produkte durch internationale Abkommen wie der UPOV-Konven-tion abgesichert wurden, mussten auch neue Umgangsweisen mit den genetischen Ressourcen gefunden werden, an denen kein Privat-eigentum bestand (ebd.: 184ff.). Die vorherrschende fordistische Strategie zur Erhaltung der Biodiversität war die ex situ-Konservie-rung. Die internationalen Agrarforschungszentren wurden in dieser Zeit bedeutend.[84] In der Krise des Fordismus wurden die Probleme der ex situ-Konservierung erkannt. So wurde der freie Zugang zu den in situ-Ressourcen umso wichtiger, je mehr sich zeigte, dass die Sammlungen in den Samen- und Genbanken auf lange Sicht gese-hen an Wert verloren und ständig durch genetisches Material aufge-frischt werden mussten.[85] Außerdem mussten die Rechte an der Vermarktung dieser Ressourcen abgesichert werden, weswegen die IPR an Bedeutung gewannen. Brand (2000: 194) zufolge erlangten der Verlust der Biodiversität im Allgemeinen und der Agrobiodiver-sität im Besonderen erst zu dem Zeitpunkt internationale Aufmerk-samkeit und Bedeutung, als mächtige ökonomische Akteure in Gestalt von großen Agrar- und Pharmaunternehmen ein Interesse an diesen Ressourcen und damit auch an deren Erhaltung zeigten. Zur Über-windung der „Krise" wurden verschiedene Strategien entwickelt, wie beispielsweise die Einführung der neuen Bio- und Gentechnologien im Agrarsektor. Als weitere Strategien zur Überwindung dieser Krise lassen sich die Zurückdrängung der Subsistenzwirtschaft und die Verdrängung der für regionale Märkte produzierten traditionellen Landsorten durch so genannte „cash crops", die vor allem für den Export angebaut werden, ansehen. Letztlich leiteten diese Strategien in eine postfordistische Regulation über (ebd.: 185f.).

3.1.2.3 Postfordistische Akkumulation und die neue Bedeutung von genetischen Ressourcen und traditionellem Wissen

In der Regulationstheorie ist bisher noch nicht geklärt, ob in Folge der neoliberalen Restrukturierung und Globalisierung des Kapitalismus bereits ein neuer Akkumulationsmodus entstanden ist. Dies reflektiert der Begriff „Postfordismus".[86] Hirsch (2001a: 172ff.) vertritt die These, dass sich nach der Krise des Fordismus der 1970er Jahre eine relativ stabile und kohärente kapitalistische Formation herausgebildet hat. Das postfordistische Akkumulationsregime basiert auf einer Verwertungsstrategie, die die traditionelle, fordistische auflöst.[87] Gleichzeitig hängt diese Entwicklung zusammen mit einem „neuen Schub der Durchkapitalisierung" (ebd.: 178) durch Einbezug ökonomisch bisher noch nicht inwertgesetzter Bereiche in den Kapitalverwertungsprozess. Es kommt zu einer Zunahme der warenförmigen Kommodifizierung von Arbeitsprodukten und Naturressourcen, die hier als „zweite Episode der inneren Landnahme" bezeichnet werden soll. Die private Aneignung von natürlichen Ressourcen, die bereits vorher ein wichtiger Bestandteil der kapitalistischen Wirtschaftsweise war, gewinnt eine neue Bedeutung.

Im Fordismus beruhte das Wachstum u.a. auf einer weltweiten Ausbeutung von fossilen wie pflanzengenetischen Ressourcen. Dies gilt auch für den Postfordismus. Allerdings bekommen die PGR, insbesondere durch die Möglichkeiten, die sich durch die neuen Biotechnologien eröffnen, einen neuen Stellenwert. Teile von ihr, wie die genetische Information, die lange als nicht verwertbar galt bzw. deren Existenz erst im 20. Jahrhundert bekannt wurde, transformieren sich zu neuen Ressourcen. Escobar (1996: 54ff.) beschreibt diese veränderte Umgangsweise mit der Natur als Übergang vom modernen zum postmodernen Kapitalismus.

„No longer is nature defined and treated as an external, exploitable domain. Through a new process of capitalization, effected primarily by a shift in representation, previously 'uncapitalized' aspects of nature and society become internal to capital" (Escobar 1996: 47).

Es können also zwei „Umgangsweisen" mit Natur bzw. zwei Formen von „gesellschaftlichen Naturverhältnissen" unterschieden werden. Zum einen die fordistische (moderne) Umgangsweise, die die Natur als *externe, materielle Ressource* in Form klassischer Rohstoffe wie Öl, Erze, Kohle, aber auch Arbeitskraft ausbeutet. Dies hatte eine extensive Zerstörung von Mensch und Natur zur Folge. Zum anderen die postfordistische (postmoderne) Umgangsweise, die auf einer neuen, „nachhaltigen" Ausbeutung der Natur aufbaut. Ermöglicht durch neue Entwicklungen in den Bio- und Informationstechnologien werden Ressourcen, wie Gensequenzen, Proteinstrukturen und Mikrobiokatalysatoren, „entdeckt", die vormals nicht zur Verfügung standen. Durch die Gentechnik wird praktisch das gesamte genetische Material aller Lebensformen als Ressource zugänglich. „Das physische Substrat von Lebewesen tritt gewissermaßen zurück gegenüber dem Versuch, die molekulare 'Software' der Organismen zu erfassen" (Heins/Flitner 1998: 23).

Nicht nur die genetische Information gewinnt an Bedeutung, sondern auch das Wissen um die Orte dieser „Waldapotheken" und „Datenbanken" (ebd.) und um die Art und Weise, wie diese zu verwenden sind. Diese „ethnobotanische Information" ist immer stärker von Interesse vor allem für die Life Sciences-Industrie, die sich von der Vermarktung des „kollektiven Gedächtnisses indigener Bevölkerungsgruppen" (ebd.: 24) hohe Gewinne verspricht. Diese beiden Formen von immateriellen Ressourcen eröffnen KapitalbesitzerInnen neue Anlage- und Verwertungsbereiche. Von den Life Sciences und der Informationstechnologie als „industrieller Leitsektor" (Pernicka 2001: 21) erhofft man sich eine neue Phase lang anhaltender Prosperität und ökonomischen Wachstums. Zur Absicherung dieser angeeigneten Ressourcen spielen Patente eine zentrale Rolle.

Neben der Ausbeutung und Aneignung von *materiellen* Ressourcen wird daher die Ausbeutung und Aneignung von *immateriellen* Ressourcen immer bedeutender. Diese beiden Formen der Akkumulation können durchaus koexistieren, doch meistens leitet die erste Form irgendwann die zweite Form ein, nämlich dann, wenn die rohe Aneignung von Natur zu sozialen Gegenbewegungen führt. In dem Umfang, wie die zweite Form kulturelle Domination mit sich bringt, wird sie Dominanz über die erste Form der Aneignung und auch über soziale Bewegungen erlangen (vgl. Escobar 1996: 47ff.). Auch im Agrarsektor sind Veränderungen feststellbar. In der fordistischen Grünen Revolution sollte das Saatgut durch besondere Züchtung und eine industrielle Landwirtschaft gegen die negativen natürlichen Bedingungen standhaft gemacht werden. In der bio- und gentechnologisierten postfordistischen Landwirtschaft wird das Saatgut nicht mehr an die Umweltbedingungen, sondern an bestimmte Pestizide angepasst. Es werden bei den Pflanzensorten nicht mehr Resistenzen gegen Schädlinge, sondern Anpassungen an bestimmte Insektizide entwickelt.[88] Die Kommodifizierung von genetischen Ressourcen musste international reguliert werden. Dies führte zum Aufbau internationaler Regelungssysteme, die eine gewisse Kontinuität und Stabilität des globalen Akkumulationssystems gewähren sollen. Jedes dieser internationalen Regime ist Ausdruck der Verdichtung globaler Kräfteverhältnisse zwischen Staaten, transnationalen Konzernen (Transnational Corporations – TNCs), NGOs und lokalen vernetzten Akteuren wie indigenen Völkern (vgl. Brand 2000: 97).

3.2 Politisch-ökologische Ansätze zur Untersuchung der Zugangs- und Verteilungskonflikte um genetische Ressourcen

Die Politische Ökologie besteht aus unterschiedlichen Strömungen und Forschungsansätzen, denen ähnliche Herangehensweisen in Bezug auf ein tiefer gehendes Verständnis des Verhältnisses zwischen Gesellschaft und Natur gemeinsam sind. So werden Umweltveränderungen bzw. Umweltprobleme in Zusammenhang mit gesellschaftlichen Faktoren gesetzt (vgl. Peet/Watts 1993: 239). Die Politische Ökologie ist keine kohärente Theorie, die es nur auf das Forschungsfeld anzuwenden gilt. Vielmehr ist das methodisch-analytische Handwerkszeug der Politischen Ökologie noch in der Entwicklung begriffen (vgl. Brand 2000: 138). Dennoch gibt es genügend Ansatzpunkte, ökologische Probleme angemessen in den gesellschaftlichen Kontext einzubetten, mit denen bereits eine umfassende Analyse bestehender Umweltveränderungen durchgeführt werden kann. Wichtig bei den Ansätzen der Politischen Ökologie ist die Orientierung an den Akteuren des Konfliktes. So haben deren Interessen, Handlungsmöglichkeiten und Durchsetzungsstrategien eine zentrale Stellung in der Analyse von Umweltveränderungen inne. Die unterschiedlichen Ansätze der Politischen Ökologie haben charakteristische Übereinstimmungen und gemeinsame Forschungsfelder. Sie untersuchen nach Bryant (1992: 13):
- die Ursachenzusammenhänge von Umweltveränderungen
- die Konflikte um den Zugang zu Ressourcen
- die politischen Rahmenbedingungen von Umweltveränderungen

Die ersten Arbeiten der Politischen Ökologie beschäftigten sich vor allem mit Bodenerosion, Entwaldungen, Desertifikation und Klimawandel. So stellt Blaikie (1985) in seinem ersten Buch zu diesem Thema einen Zusammenhang zwischen der fortschreitenden weltweiten Bodenerosion und bestimmten, gesellschaftlichen Faktoren her und postuliert ein stärkeres Zusammenführen von natur- und geisteswissenschaftlichen Denkweisen. Danach müssten sowohl die physischen als auch die sozialen Prozesse erläutert werden, um Umweltveränderungen angemessen bewerten zu können. Spätere

Arbeiten haben bestimmte Sichtweisen und Methoden weiterentwickelt und verändert. Ein durchgehendes Charakteristikum der verschiedenen Ansätze innerhalb der Politischen Ökologie ist deren Interdisziplinarität.[89]

3.2.1 Kritik neo-malthusianischer Erklärungsmuster

Die heutigen Ansätze der Politische Ökologie entwickelten sich zu Beginn der 1970er Jahre u.a. als Kritik an so genannten „neo-malthusianischen" Erklärungsmustern von Umweltzerstörung (vgl. Enzensberger 1973: 1ff.). Diese Erklärungsmuster sehen das Verhältnis von Ressourcen und Bevölkerung als bestimmende Ursache für Umweltzerstörung. Hiernach resultiert Umweltzerstörung vor allem aus den begrenzten Ressourcen, die einer ständig wachsenden Bevölkerung gegenüberstehen.[90] Während das Problem der wachsenden Bevölkerung nach dieser Auffassung vor allem auf die südlichen Länder und deren „Bevölkerungsexplosion" zutrifft, wird auf der anderen Seite Kritik an den Industrieländern geäußert, da deren im Vergleich zu anderen Ländern sehr hoher Ressourcenverbrauch und die Probleme fortschreitender Industrialisierung als weitere Ursachen für Umweltzerstörung gelten (vgl. Meadows et al. 1972).[91] Basierend auf der Annahme, dass nur begrenzt Ressourcen für immer schneller anwachsende Populationen von Menschen zur Verfügung stehen, entwickelte Hardin das Konzept der „Tragedy of the commons" (Hardin 1968).

„Picture a pasture open to all. It is to be expected that each herdsman will try to keep as many cattle as possible on the commons [...]. Each man is locked into a system that compels him to increase his herd without a limit – in a world that is limited. Ruin is the destination towards which all men rush, each pursuing his own best interest in a society that believes in the freedom of the commons. Freedom in a commons brings ruin to all" (Hardin 1968: 133f.).

Nach Hardin liegt es in der Logik des Menschen, dass gemeinschaftliche Güter übernutzt werden und nicht auf die Tragfähigkeit dieser Güter – im zitierten Beispiel die Weide – geachtet wird. Da die Weide dem Hirten nicht gehört, muss dieser das Futter für seine Tiere nicht bezahlen und wird deswegen versuchen, möglichst viele Tiere auf die Weide zu bringen, bis diese ruiniert und degradiert ist. Aus dieser Sichtweise resultiert das Handeln von Akteuren ausschließlich aus nutzen- und profitmaximierenden Interessenkalkülen. Hardins Lösung dieser „Tragödie" liegt in der Privatisierung der gemeinschaftlichen Güter. Denn sobald diese Güter in Privateigentum überführt worden sind, werden die EigentümerInnen darauf achten, ihren Besitz nicht zu zerstören. Der Hirt aus obigem Beispiel würde also, wenn es seine Wiese wäre, darauf achten, dass sie ihm langfristig erhalten bliebe (Hardin 1968: 134f.).[92] Auch im Konflikt um die genetischen Ressourcen bedient man sich dieser Argumentationsweise. Im Buch von Wilson (1992) „Ende der biologischen Vielfalt?", das für die Diskussion über Biodiversität eine große Bedeutung hatte, sind neo-malthusianische Sichtweisen sehr stark vertreten. Schließlich ist auch auf der Grundlage von Erklärungsmustern, dass Biodiversität nur „gerettet" werden könnte, wenn es zu deren Integration in den Welt-markt käme, die CBD entstanden (vgl. Flitner 1999: 67f.). Auch der *Wissenschaftliche Beirat Globale Umweltveränderungen in Deutsch-land* (WBGU) sieht das Problem des Verlustes der Artenvielfalt in der ungenügenden Zuweisung von Eigentumsrechten begründet (vgl. WBGU 1994: 104f.). Diesen neo-malthusianischen Sichtweisen wi-dersprechen VertreterInnen der Politischen Ökologie und der Regula-tionstheorie (s.u.).

3.2.2 Gesellschaftliche Naturverhältnisse und politisierte Umwelt

Für das Konzept der „gesellschaftlichen Naturverhältnisse"[93] und das Konzept der „politisierten Umwelt"[94] ist die Vorstellung zentral, dass Umweltveränderungen und Umweltprobleme nicht losgelöst von gesellschaftlichen Faktoren betrachtet werden können. Wie im ersten Kapitel erläutert, besteht ein direkter Zusammenhang zwischen dem Verlust von Biodiversität und den verschiedenen gesellschaftlichen Umgangsweisen mit der Natur. So hängt z.B. der Verlust an Sortenviel-falt direkt mit der Grünen Revolution zusammen. Gleichzeitig ist die Wahrnehmung von Natur und auch die Wahrnehmung von Umwelt-problemen immer von gesellschaftlichen Interpretationen abhängig (vgl. Jahn/Wehling 1998: 82ff.). Verschiedene gesellschaftliche Natur-verhältnisse können z.B. anhand der Beurteilung der Abholzung des Tropenwaldes erläutert werden. Aus der Sicht der Regierungen der Länder mit Tropenwald handelt es sich bei der Abholzung der Wäl-der um die legitime Nutzung ihrer natürlichen Ressourcen. Aus der Sicht von UmweltschützerInnen, wird hingegen die „grüne Lunge des Planeten" zerstört. Die Pharmaindustrie wiederum sieht darin die Zerstörung ihrer „Waldapotheke", in der es noch viele medizinisch interessante und monetär verwertbare Heilpflanzen zu entdecken gibt, und fürchtet immensen wirtschaftlichen Schaden. Und für die im Regenwald lebenden Menschen handelt es sich schließlich um die Vernichtung ihrer unmittelbaren Lebensräume (vgl. Görg 1998: 40f.).

Auch die Einheit des Begriffs Biodiversität ist nicht natürlich gegeben, sondern „das Produkt begrifflicher Entwicklungen, bei denen

Taxonomie, Ökologie, Agrarwissenschaften und andere Teilbereiche der Biowissenschaften synthetisiert wurden" (ebd.: 44). Letztlich setzte sich der Begriff der Biodiversität nicht durch seine bessere Beschreibung der Natur durch, sondern durch die Nützlichkeit des Begriffs für politische Zwecke (ausführlich s. Pohl 2003). Die Wahrnehmung der Natur, so die These, hängt immer von den jeweils gesellschaftlich und historisch bevorzugten Sichtweisen und Interpretationen ab, wird also nur in der jeweiligen historisch *vergesellschaftlichten* Form wahrgenommen. Wie in Kap. 1.4.2 dargestellt, haben viele traditionelle Gemeinschaften andere Formen von Ressourcenbewirtschaftung entwickelt, die von den konventionellen Bewirtschaftungsformen in den Industrieländern zu unterscheiden sind.

Umweltveränderungen sind demnach keine neutralen Prozesse, die rein technisch lösbar wären. Vielmehr müssen die sozialen, politischen und ökonomischen Faktoren zur Problemlösung mit einbezogen werden. Auch sind die Folgen von Umweltproblemen zumeist nicht gleichmäßig auf alle Menschen verteilt (vgl. Bryant/Bailey 1997: 28ff.):

1. Kosten und Nutzen sind im Zusammenhang mit Umweltveränderungen nicht ausgeglichen unter den beteiligten Akteuren aufgeteilt.

2. Die ungleiche Verteilung der Auswirkungen von Umweltveränderungen verstärkt die bereits existierenden Ungleichheiten innerhalb einer Gesellschaft.

3. Die unterschiedlichen sozialen und ökonomischen Auswirkungen der Umweltveränderungen auf die verschiedenen Schichten einer Gesellschaft beeinflussen auch die Machtstellungen der verschiedenen Akteure zueinander. Das bedeutet nicht nur Armut für die einen und Reichtum für die anderen, sondern auch die Kontrolle der einen Seite über die andere Seite. Dies hat wiederum Auswirkungen auf die Umwelt.

Für die Bearbeitung und die Analyse von Umweltveränderungen und Umweltproblemen ist eine Integration ökologischer, sozioökonomischer, kultureller und politischer Herangehensweisen erforderlich. Es geht nicht um ein Management knapper werdender Ressourcen, wie es von neo-malthusianischer Seite vorgeschlagen wird, sondern um die Frage, wer Zugang zu Ressourcen hat und wie diese Ressourcen aufgeteilt werden. Konflikte um genetische Ressourcen entstehen nicht durch eine „natürliche" Ressourcenknappheit, sondern durch gesellschaftliche Regelungssysteme bezüglich des Zugangs und der Nutzung von Natur und Umwelt. Die Verteilung der Ressourcen zwischen den verschiedenen gesellschaftlichen Gruppen und daraus resultierende Nutzungskonflikte müssen in die Analyse mit einbezogen werden (vgl. Büttner 2001: 48ff.).

3.2.3 Akteursanalysen zur Erklärung von Umweltveränderungen und -konflikten

Wichtig für die Politische Ökologie ist die Orientierung an den Akteuren des Konfliktes. So haben deren Interessen, Handlungsmöglichkeiten und Durchsetzungsstrategien eine zentrale Stellung bei der Analyse von Umweltveränderungen und Umweltproblemen. Akteure können z.B. Einzelpersonen, soziale Gruppen, NGOs, Nationalstaaten, lokale Unternehmen und TNCs sein.

„Das Zentrale an der Akteursanalyse, wie sie die Politische Ökologie fordert, ist, dass nicht analysiert wird, wie ein Gesamtsystem in seinen Bezügen zur Umwelt funktioniert, sondern untersucht wird, in wessen Interesse Umweltveränderung toleriert oder verboten wird, zu wessen Gewinnen, zu welchen Konditionen, mit welchen sozialen und ökologischen Folgen" (Krings/Müller 2001: 95).

Basierend auf den Darstellungen zur politisierten Umwelt stellt Blaikie (1985: 2ff.) fest, dass Umweltprobleme erst dann auftreten, wenn es zu Interessenkonflikten kommt. Blaikie stellt seine Schlussfolgerungen am Beispiel der Bodenerosion dar. So existiert das Problem Bodenerosion nicht, wenn die LandwirtInnen genügend Ausweichfläche zur Verfügung haben und der Erosion ausweichen können. Stehen jedoch keine Ausweichflächen zur Verfügung, kommt es zu Konflikten und die Bodenerosion wird als Umweltproblem wahrgenommen. Die Wurzel solcher Probleme ist daher politisch-ökonomischen Ursprungs. Blaikie (ebd.) argumentiert weiter, dass die Lösung von durch Menschen verursachten Umweltproblemen letztlich soziale Veränderungen beinhaltet, da diese Probleme durch menschliches Handeln hervorgerufen wurden und Verbesserungen nur durch eine Veränderung dieser Handlungen bewerkstelligt werden können.

Handlungen des Menschen, die sich umweltverändernd auswirken, werden in der Politischen Ökologie nicht ausschließlich auf individueller oder lokaler Ebene betrachtet. Vielmehr werden immer auch die sozialen, ökonomischen und kulturellen Sichtweisen einer Gesellschaft einbezogen und deren Verflechtung mit regionalen, nationalen und internationalen Ebenen berücksichtigt (vgl. Krings/ Müller 2001: 94; siehe Kap. 3.2.3.1 Abb.6). Bei der Betrachtung der verschiedenen Interessen an Biodiversität spielt ebenfalls der Faktor „Macht" eine zentrale Rolle, um zu verstehen, welche Interessen und Sichtweisen sich letztlich durchsetzen werden. „Macht" ist eine analytisch schwer fassbare Kategorie. Auf die theoretische Aufarbeitung des Begriffs muss hier verzichtet werden.[95] „Macht" wird hier als Möglichkeit verstanden, den eigenen Willen auch gegen den Widerstand anderer durchzusetzen (vgl. Nohlen et al. 1998: 359). Macht bedeutet auch, bestimmte Herangehensweisen an Umweltprobleme als Lösungsansätze definieren zu können: „Winning the battle of ideas over human use of the environment, since actors typically seek to legitimate the triumph of their individual interests over the interests of others through an attempt to assimilate them to 'the common good'" (Schmink/Wood 1992, zitiert aus Bryant/Bailey 1997: 41). Die Beziehungen z.B. zwischen Regierungen, TNCs und indigenen Völkern sind im Normalfall höchst ungleich, da der einen Seite ungleich mehr Möglichkeiten und Ressourcen zur Verfügung stehen, ihre Interessen zu artikulieren und durchzusetzen, als der anderen. Doch auch wenn schwächere Akteure es schwerer haben, ihre Interessen geltend zu machen, werden sie in der Politischen Ökologie nicht als handlungsunfähige oder machtlose Gruppen angesehen, da auch sie gewisse Handlungspotentiale besitzen (vgl. Krings/Müller 2001: 98f.; s.a. Kap. 3.2.3.4).

Zur begrifflichen Fassung von Machtverhältnissen bezüglich der Durchsetzung bestimmter Vorstellungen und Interessen wird hier mit dem Begriff der „Hegemonie" gearbeitet. Der Begriff geht auf Antonio Gramsci zurück und bedeutet politische, geistige und kulturelle Führung durch Konsens (vgl. Gramsci 1991). Dabei gelingt es bestimmten dominanten Akteuren, ihre Vorstellungen und Interessen so zu vermitteln und durchzusetzen, dass diese Interessen von anderen Gruppen und Akteuren als allgemeine, universelle Interessen wahrgenommen werden. Hegemonie schließt daher einen aktiven Konsens der Regierten ein (vgl. Borg 2001a: 26ff.).[96] In vielen Publikationen wird Hegemonie an das Vorhandensein eines Hegemons[97] im Sinne eines Landes oder einer Region geknüpft und diesem die Rolle eines Weltstaates zugesprochen (im Vorfordismus beispielsweise England, im Fordismus die USA). In Anlehnung an die Regulationstheorie soll hier mit dem Hegemoniebegriff nicht ein bestimmter Akteur, sondern vielmehr eine Ideologie oder Entwicklungsweise bezeichnet werden. Diese setzt sich historisch zunächst in einem spezifischen Raum durch und internationalisiert sich später in einem komplexen Prozess (vgl. Brand 2000: 98). Auch die Akzeptanz von Patenten in den Industrieländern kann mit dem Hegemoniebegriff erklärt werden. Die Vorstellung von geistigem Eigentum hat sich inzwischen in der westlichen Welt so weit durchgesetzt, dass Patente als scheinbar natürlich existieren und eine Selbstverständlichkeit und fraglose Akzeptanz der bestehenden ökonomischen Ordnung repräsentieren. Allerdings wird anlässlich der zunehmenden Dominanz des globalen IPR-Systems in Form des TRIPs-Abkommens auch verstärkt Kritik innerhalb südlicher Länder geäußert, die der Logik von Patenten auf genetische Ressourcen widersprechen (s. Kap. 4.1.3).

3.2.3.1 „Place-based-actors" und „non-place-based-actors"

Bezogen auf den Begriff des Akteurs unterscheidet die Politische Ökologie zwischen so genannten „place-based-actors" (z.B. KleinlandwirtInnen, Fischern, indigenen Völkern) und „non-place-based-actors" (z.B. Ministern, TNCs, internationalen Organisationen etc.) (vgl. Krings/Müller 2001: 96ff.). Allerdings können beispielsweise internationale Akteure auch als nationale oder lokale Akteure auftreten, wenn z.B. Konzerne international tätig sind, aber ihre Interessen national durchsetzen wollen. Diese Unterscheidung ist deshalb wichtig, weil im Hinblick auf Umweltveränderungen die Akteure verschiedene Positionen innehaben und so ein Ordnungsschema entworfen werden kann. Lokale Bevölkerungsgruppen sind z.B. am direktesten von Umweltveränderungen betroffen. Zugleich sind sie aber auch Teil übergeordneter gesellschaftlicher Zusammenhänge, deren ökonomische Strukturen und kulturelle Muster sich auf den lokalen Umgang mit Natur niederschlagen. Der Staat spielt darin eine Doppelrolle, da er sowohl für den Schutz als auch für die Möglichkeit der Nutzbarmachung der Natur verantwortlich ist. Der Staat selbst kann jedoch nicht als einheitlicher Akteur angesehen werden, da sich in ihm und durch ihn verschiedene Positionen manifestieren und Akteure profilieren (vgl. ebd.: 96ff. und Kap. 3.2.3.3). Der Staat wird hier nach Poulantzas als materielle Verdichtung gesellschaftlicher Kräfteverhältnisse angesehen, in dem Kompromisse organisiert werden und sich die Partikularinteressen in Auseinandersetzungen zu einem „Allgemeininteresse" formen (Poulantzas 1978: 114ff., s.a. Brand 2000: 67ff.). Staaten sind eingebettet in ein internationales Gefüge von Verträgen, internationalen Organisationen und politischen und wirtschaftlichen Verbindungen zu anderen Staaten. Die nationale Politik und die Herangehensweisen an Umweltveränderungen werden durch dieses Geflecht bestimmt oder doch wenigstens beeinflusst. Wie groß die Spielräume einzelner Staaten sind, hängt auch von dem Politikfeld ab. Abb.6 stellt die Verbindung unterschiedlicher, räumlicher Dimensionen, von der lokalen über die nationale hin zur globalen Ebene, dar.

Im Themenfeld der Biodiversität finden sich äußerst verschiedene und divergente Interessen und Positionen wieder. Grob lässt sich zwischen den BefürworterInnen von Schutzrechten, und damit einer Privatisierung genetischer Ressourcen, und den GegnerInnen einer privatrechtlichen Aneignung unterscheiden. Allerdings ist es nicht möglich, bestimmten Akteursgruppen, wie z.B. indigenen Völkern oder südlichen Regierungen, ganz spezifische Interessen zuzuschreiben. Denn eine scheinbar homogene Akteursgruppe kann aus sehr unterschiedlichen lokalen Gruppen und internationalen Organisationen bestehen, in denen sich jeweils sehr unterschiedliche Interessen artikulieren und verdichten. An dieser Stelle kann nur ein idealisiertes Schema entworfen werden, das versucht, den unterschiedlichen Interessen und Positionen jeweils bestimmte Akteure zuzuordnen. Die folgende Beschreibung der Interessen bestimmter Akteure im Konflikt um die genetischen Ressourcen ist daher stark vereinfacht. Ziel dieser Beschreibung ist es, einen Überblick über die jeweiligen Interessenlagen und Argumentationen zu gewinnen.

Abb. 6: Schematische Darstellung des Zusammenhangs
verschiedener Strukturen und Akteure auf lokaler,
nationaler und globaler Ebene

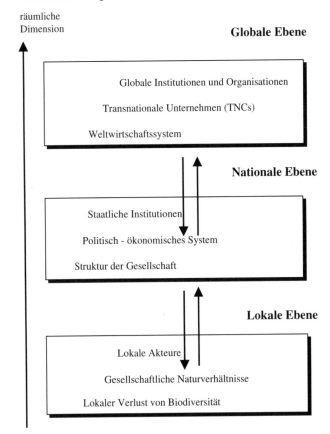

räumliche
Dimension

Globale Ebene

Globale Institutionen und Organisationen

Transnationale Unternehmen (TNCs)

Weltwirtschaftssystem

Nationale Ebene

Staatliche Institutionen

Politisch - ökonomisches System

Struktur der Gesellschaft

Lokale Ebene

Lokale Akteure

Gesellschaftliche Naturverhältnisse

Lokaler Verlust von Biodiversität

3.2.3.2 Life Sciences-Industrie

Zu der Life Sciences-Industrie gehören Unternehmen aus dem Agro-, Chemie-, Pharma- und Nahrungsmittelsektor wie auch aus der Saatgut- und Züchtungsbranche, deren Produktionsschwerpunkte eng an die Herstellung organischer Materialien oder Verfahren zu deren Herstellung geknüpft sind (vgl. Seiler 2000b: 66). Diese Unternehmen operieren häufig international und besitzen Produktionsstandorte in verschiedenen Ländern, weswegen sie auch als multinationale oder transnationale Unternehmen (TNCs) bezeichnet werden (vgl. Nohlen 1998: 649). Die Verfahren der Life Sciences-Industrie stammen größtenteils aus der Bio- und Gentechnologie und befinden sich zumeist im Besitz privater Firmen oder staatlich finanzierter Forschungseinrichtungen in den Industrieländern. Da die meisten dieser Unternehmen marktwirtschaftlich organisiert sind, ist Profiterwartung das treibende Element für die Herstellung der verschiedenen Produkte und Leistungen, wie etwa von Medikamenten oder Therapieverfahren. Die genetischen Ressourcen bzw. die Information, die diese beinhalten, stellen hierbei deren Produktionsbasis dar (vgl. Pernicka 2001: 48).

Tab. 10: Die zehn größten Unternehmen in der Agro- und in der Pharmaindustrie und deren Umsätze im Jahr 2002

Die Agrochemie-Unternehmen	Umsatz in US$	Saatgut-Unternehmen	Umsatz in US$	Die Pharmaindustrie	Umsatz in US$
Syngenta	5.260.000.000	Dupont	2.000.000.000	Pfizer/Pharmacia	42.281.500.000
Bayer	3.775.000.000	Monsanto	1.600.000.000	Glaxo Smith Kline	26.979.000.000
Monsanto	3.088.000.000	Syngenta	937.000.000	Merck & Co.	21.631.600.000
BASF	2.787.000.000	Seminis	453.000.000	Astra Zeneca	17.841.000.000
Dow	2.717.000.000	Advanta	435.000.000	Johnson & Johnson	17.151.500.000
DuPont	1.793.000.000	Groupe Limagrain	433.000.000	Aventis	15.705.000.000
Sumitomo Chemical	802.000.000	KWS AG	391.000.000	Bristol-Myers Squibb	14.705.700.000
Makhteshim-Agan	776.000.000	Sakata	332.000.000	Novartis	13.497.000.000
Arysta LifeScience	662.000.000	Delta & Pine Land	376.000.000	Hoffman-La Roche	12.630.800.000
FMC	515.000.000	Bayer Crop Science	258.000.000	Wyeth	12.387.000.000

Quelle: ETC Group 2003

In den 1990er Jahren hat es viel Bewegung auf dem Markt der Biotechnologie-Unternehmen gegeben. Viele kleine Unternehmen wurden gegründet (so genannte „start-ups") und transnationale Konzerne wurden, begleitet von einer Akquisitions- und Fusionsdynamik, zu Life Sciences-Konzernen umgebaut. Es entstanden so genannte „giant life science companies" (ten Kate/Laird 1999: 5) wie *Monsanto, Novartis, Aventis, Zeneca* und *American Home Products*.[98] Seit zwei Jahren scheinen sich allerdings einige Unternehmen vom Konzept des integrierten Life Sciences-Konzerns, der zugleich in den Bereichen Pharma, Agrochemie und Ernährung aktiv ist, wieder zu lösen (vgl. Dolata 2003).[99] In Tab. 10 sind die Life Sciences-Unternehmen aufgelistet, die im Jahr 2002 die höchsten Umsätze verzeichnen konnten.

Um die genetische Information vermarkten zu können, muss sie zuerst im ökonomischen Sinne inwertgesetzt werden. In dem Prozess der Inwertsetzung haben Patente eine wichtige Rolle. Die Sicherung des Eigentums an den neuen Technologien und ihrem genetischen Material ist inzwischen zu einem zentralen Interesse der Industrie geworden. Um die hohen Kosten für die Forschung und Entwicklung neuer Produkte sowie für den Aufbau neuer Märkte tragen zu können, muss sich die Industrie die Vermarktungsrechte an ihren Produkten sichern. Daher kann einem Unternehmen im Bereich der Life Sciences ein generelles Interesse an einer internationalen Verrechtlichung des Patentsystems zugeschrieben werden (CIPR 2002: 112). Neben den hohen Gewinnmargen, die die Industrie erwartet und die bereits heutzutage zu verzeichnen sind, ist ebenfalls bedeutsam, dass ca. 80% des Saatguts in den südlichen Ländern bisher noch nicht kommerzialisiert wurden (GRAIN 1996).[100]

Wie einleitend betont, ist es nicht möglich, einer Interessengruppe nur *ein* ganz bestimmtes Interesse zuzuschreiben. So gibt es auch innerhalb der Industrie Kritik am Patentwesen; es finde durch Patente eine Monopolisierung von Wissen statt, die zu einem Innovationshemmnis führen und letztlich die Forschung anderer Unternehmen behindern könne (Gröndahl 2002: 90ff.). Zum Teil werden von Unternehmen im eigenen Marktbereich möglichst viele Weiter- und Nebenentwicklungen bestimmter Produkte als Patente angemeldet, um anderen Unternehmen oder Neueinsteigern wenig Bewegungsspielraum bei der Erforschung neuer Produkte zu lassen. Daneben können die Möglichkeiten und Spielräume von Konkurrenten durch Anmeldungen von Patenten in deren Marktbereich eingeschränkt werden. Als Marktstrategie werden z.B. zunächst so genannte „Basispatente" angemeldet, an die nun eine Reihe von Folgepatenten geknüpft werden, die das operative Marktfeld eines Konzerns wie ein

„Tretminenfeld" (vgl. Greenpeace 1999: 14f.) umgeben. Wurde bereits ein Basispatent an eine konkurrierende Firma vergeben, so wird durch ein dies umgebendes Patentnetz die technologische Bewegungsfreiheit eingeschränkt (ebd.). Eine zweite Kritik knüpft an die im Kap. 3.2.1 beschriebene Auffassung der „Tragedy of the commons" von Hardin an. Von einigen Ökonomen wird diese Logik umgedreht und von der „tragedy of the anti-commons" gesprochen.

„The tragedy of the anti-commons arises when there are multiple gatekeepers, each of whom must grant permission before a resource can be used. With such 'excessive' property rights, the resource is likely to be under-used. In the case of patents, innovation is stifled" (Shapiro 2001: 6; zit. n. Gröndahl 2002: 90).

Bestimmte Ökonomen, die als äußerst marktwirtschafts-freundlich gelten, wie beispielsweise Friedrich August Hayek, formulierten bereits seit längerem eine immanente Kritik am Patentwesen. Doch scheinen solche Positionen bislang kaum von Belang zu sein.

3.2.3.3 Nationalstaaten

Nationalstaaten sind komplexe gesellschaftliche Gebilde. Als Staat kann die Gesamtheit der öffentlichen Institutionen, Organisationen und Behörden bezeichnet werden, die das Zusammenleben der Menschen in einem Gemeinwesen gewährleistet bzw. gewährleisten soll (institutioneller Staatsbegriff). Die Regierung ist als Exekutive das zentrale politische Leitungsorgan der staatlichen Organe und Institutionen (vgl. Nohlen 1998: 606). Der Staat bestimmt durch Gesetze den rechtlichen Rahmen, z.B. bezüglich des Umgangs mit den genetischen Ressourcen, und nimmt daher eine zentrale Stellung bei der Analyse von Umweltproblemen ein. Der Staat, als „materielle Verdichtung sozialer Kräfteverhältnisse" (Poulantzas 1978), ist das Terrain, auf dem sich verschiedene Interessen und soziale Verhältnisse artikulieren und miteinander in Konkurrenz treten. Im Zeichen allgemeiner Globalisierungstendenzen internationalisiert sich der Staat und transformiert sich zu einem „nationalen Wettbewerbsstaat" (Hirsch 1995), was bedeutet, dass sich staatliche Politik verstärkt nach internationalen Wettbewerbskriterien richtet.[101]

Die Komplexität und die historischen Veränderungen staatlicher Systeme sollen hier nicht weiter ausgeführt werden. Für das vorliegende Themenfeld sind vielmehr bestimmte schematisierte Charakteristika bedeutsam, die im Folgenden erläutert werden. Vereinfacht wird dabei zwischen Industrieländern und den südlichen Ländern differenziert. Die Industrieländer weisen hiernach bestimmte, idealisierte, Charakteristika auf:

1. Sie gehören nicht zu den Megadiversitätszentren, besitzen daher, im Vergleich zu anderen Ländern, eine geringere natürliche Biodiversität.
2. Sie gehören nicht zu den Vavilovschen Zentren (der Mittelmeerraum ausgenommen), haben also im Vergleich zu anderen Ländern eine geringere Agrobiodiversität.
3. Sie verfügen über eine vergleichsweise moderne Industrie, insbesondere im bio- und gentechnologischen Bereich.
4. Sie gehören zu den mächtigen Akteuren, können also in internationalen Verhandlungen am ehesten ihre Interessen durchsetzen.

Unter der Vielzahl an südlichen Ländern sind an dieser Stelle nur diejenigen interessant, die eine hohe Diversität an genetischen Ressourcen, in Form von natürlicher Biodiversität und/oder als Agrobiodiversität aufweisen. Für diese südlichen Länder lassen sich ebenfalls idealisierte Charakteristika benennen:

1. Der industrielle Komplex ist nicht so hoch entwickelt wie bei den Industrieländern.
2. Es besteht ein Interesse an der Verwertung der eigenen genetischen Ressourcen.
3. Häufig haben diese Länder einen gewissen Anteil an traditionellen LandwirtInnen und/oder traditionellen Völkern.
4. Es besteht ein Interesse an nachholender Industrialisierung.

Die unterschiedlichen Machtpotentiale zwischen Industrieländern und südlichen Ländern sind auch in Bezug auf die genetischen Ressourcen festzustellen. Wie Abb. 7 zeigt, ist der größte Teil an genetischen Ressourcen in den südlichen Ländern gesammelt worden. Der größte Teil an eingelagerten genetischen Ressourcen befindet sich hingegen im Norden bzw. in von Industrieländern kontrollierten Genbanken (s. Abb. 8).

Zu Abb. 8 ist anzumerken, dass die *International Agricultural Research Centers* (IARCs) bis auf wenige Ausnahmen in den Ländern des Südens liegen – von den 16 IARCs befinden sich nur drei in den Industrieländern (vgl. Sprenger et al. 1996: 42). Allerdings unterliegen sie der Obhut der *Consultive Group on International Agriculture Research (CGIAR)*, deren Politik wiederum von den Industrieländern bestimmt wird (vgl. GRAIN 2002: 1ff.; Clar 1999; Flitner 1995: 168). Mooney bemerkt hierzu: „The creation of CGIAR in 1971 had been a blunt move by these donors to wrest control of agriculture development from FAO an place it in the hands of a manageable scientific elite" (Mooney 1993: 66). Vergleicht man Abb. 7 mit Abb. 8 wird ersichtlich, dass der größte Teil an genetischen Ressourcen aus südlichen Ländern stammt, während die ex situ-Einlagerung vor allem in den Industrieländern stattfindet oder von die-

Abb. 7: Prozentualer Anteil der in einzelnen Weltregionen gesammelten genetischen Ressourcen

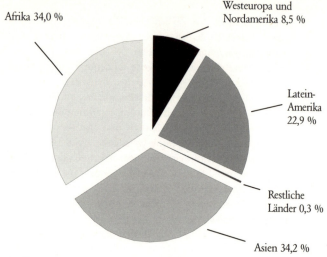

Afrika 34,0 %

Westeuropa und Nordamerika 8,5 %

Latein-Amerika 22,9 %

Restliche Länder 0,3 %

Asien 34,2 %

Quelle: Mooney 1985, S.141f., verändert

sen direkt kontrolliert wird.[102] Die biodiversitätsreichen Länder bemängeln verstärkt, dass ihre genetischen Ressourcen kostenlos von Unternehmen aus dem Norden eingesammelt werden konnten, sie aber dennoch das durch Eigentumsrechte geschützte, auf diesen Ressourcen basierende Hochleistungssaatgut teuer von den Unternehmen einkaufen müssen. Sie verlangen daher ein benefit sharing an den Gewinnen dieser Unternehmen (vgl. Brand 2000: 184ff.). Es besteht also eine Divergenz zwischen dem Ursprungsort der genetischen Ressourcen und deren Einlagerung und diese Divergenz spiegelt die Machtverhältnisse zwischen dem politischen Norden und dem politischen Süden. Wichtig ist weiterhin, dass die CBD explizit die genetischen Ressourcen, die vor In-Kraft-Treten der CBD gesammelt wurden, aus dem Vertrag ausschließt.

Es existieren also konkurrierende Interessen der Länder sowohl bezüglich des Zugangs zu den genetischen Ressourcen als auch bezüglich der Gewinnverteilung der sich aus der Nutzung dieser Ressourcen ergebenden Werte. Für die südlichen Länder stellt sich die Frage, ob Patente eine notwendige Bedingung und Grundlage von Industrialisierung darstellen. Obwohl die meisten Industrieländer heute diese Auffassung vertreten, stellt Bauer (1993: 153ff.) dar, dass diese noch im 19. Jahrhundert sehr unterschiedliche Standpunkte vertraten. Befürworter eines Patentsystems waren vor allem die USA, Frank-

Abb. 8: Anteil der in einzelnen Regionen eingelagerten genetischen Ressourcen

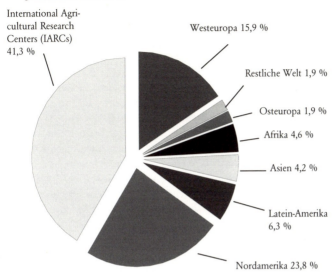

International Agricultural Research Centers (IARCs) 41,3 %

Westeuropa 15,9 %

Restliche Welt 1,9 %

Osteuropa 1,9 %

Afrika 4,6 %

Asien 4,2 %

Latein-Amerika 6,3 %

Nordamerika 23,8 %

Quelle: Mooney 1985, S.141f., verändert

reich und England. Im Gegensatz zu ihnen waren Deutschland, die Schweiz und die Niederlande lange Zeit Gegner von Patenten. Nach Walz (1972: 116) änderte sich diese Haltung gegenüber Patenten erst, als in diesen Ländern eine Industrialisierung ohne Patentwesen einsetzte und z.B. die deutschen Unternehmen nun ihrerseits nach Schutz vor Imitationen verlangten. Für die Schweiz wird gerade das lange Fehlen eines Patentsystems als Grund für die Entstehung der schweizerischen Chemie-Industrie gesehen, da diese in großem Umfang die Produkte anderer Länder kopieren konnte. In den Industrieländern wurde das Patentsystem also nur zögerlich akzeptiert und auch erst, nachdem diese bereits eine eigene technologische Industrie entwickelt hatten. Für die südlichen Länder ist es also wahrscheinlich, dass sich Patente negativ auf eine eigene technologische Entwicklung auswirken (CIPR 2002: 66; Seiler 2000b: 36f.).

3.2.3.4 Traditionelle LandwirtInnen/indigene Völker

Traditionelle LandwirtInnen und indigene Völker können als klassische „place-based-actors" bezeichnet werden, denn sie gehören zu den lokal betroffenen Individuen und Bevölkerungsgruppen. Viele dieser Menschen haben durch traditionelle Bewirtschaftungsformen eine Vielfalt an Pflanzensorten erhalten und vermehrt. Ungeachtet ihrer Leistung gehören diese Bevölkerungsgruppen aber gleichzeitig zu den ärmeren oder auch ärmsten Schichten der Bevölkerung. Als Teil übergeordneter gesellschaftlicher Zusammenhänge und deren ökonomischer Strukturen sind ihre Handlungspotentiale stark von den gesellschaftlichen Umständen wie Armut und Unterdrückung geprägt und eingeschränkt (vgl. Krings/Müller 2001: 96). Bei der Frage um die Bedeutung von Patenten auf genetische Ressourcen ist es u.a. wichtig, die Auswirkungen von Patenten auf diese Bevölkerungsschichten zu betrachten. In der Politischen Ökologie werden diesen Akteuren Handlungspotentiale zugeschrieben, die sich in bestimmten gesellschaftlichen Konstellationen auch machtvoll entfalten können. So organisieren und vernetzen sich weltweit verschiedene indigene Völker und agieren als soziale Bewegung[103], die unter Umständen die „dominierenden politischen Ideen und kulturellen Kodes sowie gegebene Machtkonstellationen und -eliten nachhaltig und zum Teil mit sehr unkonventionellen Methoden" (Soyez 2001: 32) kritisieren und herausfordern. NGOs haben in dem Konflikt um genetische Ressourcen ebenfalls eine wichtige Rolle inne (vgl. etwa Brand 2000; Brand et al. 2000; Altvater et al. 1997). In den Fallbeispielen in Kap. 4.3 nehmen beteiligte NGOs vor allem die Rolle eines Sprachrohrs der Interessen von Akteuren ein, die sich gegen die Patentierung der jeweiligen Ressourcen richten.[104] Organisationen werden hier als NGOs bezeichnet, wenn sie eine Stellung zwischen Staat und Markt einnehmen, nicht profitorientiert handeln und als intermediäre Instanzen zwischen „Betroffenen" und politisch-administrativen Instanzen agieren (vgl. Altvater et al. 1999: 13f.).[105]

4. Biopiraterie und die Aneignung genetischer Ressourcen

In diesem Kapitel werden Fallbeispiele vorgestellt, die im Zusammenhang mit der Aneignung genetischer Ressourcen stehen. Eingangs werden verschiedene Positionen beschrieben, die jeweils eine eigene Definition des Begriffs „Biopiraterie" haben.

4.1 Verschiedene Auffassungen von Biopiraterie

Der Begriff der „Biopiraterie" entstand Anfang der 1990er Jahre und wurde besonders von der US/kanadischen Organisation ETC-Group (Action Group on Erosion, Technology and Concentration, vormals RAFI) in verschiedenen Publikationen verwendet. Nachdem sich anfangs vor allem indigene Völker, Basisorganisationen und NGOs auf den Begriff bezogen, wurde er später auch von den Regierungen der südlichen Länder und schließlich auch von den TNCs verwendet (vgl. Krebs u.a. 2002: 16). Da die jeweiligen Akteure unterschiedliche Interessen mit dem Begriff verfolgen, changiert seine Bedeutung je nach Kontext so weit, dass sich die Bedeutungen widersprechen.

4.1.1 Biopiraterie als Raub privater Güter

Wenn bestimmte TNCs aus der Life Sciences-Industrie von Biopiraterie sprechen, meinen diese die nicht-autorisierte Nutzung ihrer patentierten oder mit Eigentumsrechten belegten genetischen Ressourcen (in ähnliche Richtung geht die Bezeichnung der Produktpiraterie). Beispielsweise ist die Benutzung von patentiertem Saatgut ohne die Zustimmung der Konzerne und ohne die Zahlung einer entsprechenden Gebühr aus dieser Sichtweise Biopiraterie (vgl. Ribeiro 2002a: 37). Prominentes Beispiel für dieses Verständnis von Biopiraterie, das weltweit für Aufsehen sorgte, ist der Fall eines kanadischen Bauern namens Schmeiser, der auf seinen Feldern Canola, einen besonders ölhaltigen Raps „Canola", anbaut. Die Firma Monsanto entdeckte im Jahr 2000 auf den Feldern von Schmeiser gentechnisch veränderten Canola, der von Monsanto stammte und für den der Bauer nicht bezahlt hatte. Seine Saat war durchsetzt mit gentechnisch verändertem (Genetically Modified – GM) Canola der Firma Monsanto, der sich wahrscheinlich durch Wind verbreitet hatte. Denn der GM-Canola wurde von anderen LandwirtInnen auf deren umliegenden Feldern angebaut. Im März 2001 wurde Schmeiser von einem kanadischen Gericht zu einer Geldstrafe von 75.000 US-Dollar verurteilt.[106] Er gab an, er habe nichts von dieser Verunreinigung seines Saatguts gewusst. Er versuchte im Gegenteil deutlich zu machen, dass ihm ein Schaden durch GM-Canola von Monsanto entstanden sei, da er seit vielen Jahren an einer eigenen Saat züchte. Diese Arbeit sei nun durch die Auskreuzung vieler seiner Rapspflanzen mit dem Monsantoraps praktisch umsonst gewesen. Doch das Gericht stellte fest, es spiele keine Rolle, wie der Canola von Monsanto auf das Feld von Schmeiser gelangte. Denn die Saat gehöre nicht dem Bauern, sondern Monsanto. Nach der Auffassung von Monsanto handelte es sich daher im beschriebenen Fall um Biopiraterie (vgl. Erklärung von Bern 2002).

4.1.2 Biopiraterie als die ungeregelte Aneignung genetischer Ressourcen

Eine ganz andere Auffassung von Biopiraterie vertreten südliche Länder und auch einigen NGOs. Nach Ansicht des Forums für Umwelt und Entwicklung (FUE) bezeichnet Biopiraterie das Vorgehen, „sich biologische oder genetische Ressourcen und/oder das Wissen indigener oder lokaler Bevölkerungsgruppen anzueignen, ohne die Mindeststandards der CBD zu befolgen" (FUE 2002: 16). Biopiraterie ist hiernach eng mit der Umsetzung der CBD verknüpft. Wenn deren Mindeststandards nicht befolgt werden, wenn also die in Kap. 2.6.3 benannten Kriterien der Zugangsregelung, daher „prior informed consent" (PIC, Art. 15.5 CBD), „mutually agreed terms" (MAT Art. 15.4 CBD), „benefit sharing" (BS, Art. 1 CBD) nicht umgesetzt werden, handelt es sich um Biopiraterie. Anders ausgedrückt kann nicht von Biopiraterie gesprochen werden, wenn diese Mindeststandards befolgt werden.

Auch von vielen Regierungen biodiversitätsreicher Länder wird auf diese Weise argumentiert. Sie wenden sich gegen die Aneignung „ihres" genetischen Materials durch Life Sciences Unternehmen. Verhandlungspunkt ist nach deren Auffassung besonders die Ausgestaltung des benefit sharings. Zum einen handelt es sich ihrer Meinung nach um Fragen der Verteilungsungerechtigkeit, weil die Gewinne nicht den Ländern des Südens zugute kommen, diese aber die genetischen Ressourcen teilweise über Jahrhunderte hinweg gepflegt und entwickelt haben. Gleichzeitig steht den Ländern des Südens die Möglichkeit der Patentierung ihrer Ressourcen meist nicht zur Verfügung, da sie selten über die entsprechenden Biotechnologien verfügen[107] (vgl. Heins 2000: 145). Biopiraterie bedeutet aus dieser Sicht zugleich, dass die lokalen genetischen Ressourcen wie auch das ethnobotanische Wissen praktisch frei zur Verfügung stehen, während die daraus entwickelten Produkte durch exklusive Verwertungsrechte abgeschirmt sind (vgl. Posey/Dutfield 1996: 94). Im Februar 2002 trafen sich die Regierungen von Brasilien, China, Mexiko, Indien, Indonesien, Costa Rica, Kolumbien, Ecuador, Kenia, Peru, Venezuela und Südafrika, um eine Allianz gegen Biopiraterie zu bilden. Mit diesem Bündnis soll gegen Unternehmen aus den Industriestaaten angekämpft werden, die die genetischen Ressourcen zur Erlangung kommerzieller Nutzungsrechte patentieren und kein angemessenes benefit sharing leisten wollen. So stellt der mexikanische Umweltminister Victor Lichtinger fest: „Bis jetzt haben unsere Nationen aus diesem Reichtum [der genetischen Ressourcen] keinen Gewinn ziehen können" (Frankfurter Rundschau 2002).

4.1.3 Biopiraterie als die Privatisierung öffentlicher und kollektiver Güter

Eine dritte Auffassung von Biopiraterie wird vor allem von vielen indigenen Völkern und gesellschaftskritischen NGOs vertreten. Für diese ist das Problem der Aneignung genetischer Ressourcen nicht gelöst, wenn es infolge von benefit sharing zu einer gewissen Beteiligung an den Gewinnen der TNCs oder anderer Institutionen kommt. Der Terminus „Biopiraterie" bedeutet aus deren Sicht generell

„die Aneignung genetischer Ressourcen und Kenntnisse der indigenen Bevölkerung und lokalen Gemeinschaften, speziell aus Dritt-Welt-Ländern, von Seiten privater, zumeist transnationaler Unternehmen, und/oder öffentlicher Institutionen, die generell aus dem Norden stammen" (Ribeiro 2002b: 119).

Aus dieser Sicht werden die geistigen Eigentumsrechte von den TNCs und nördlichen Institutionen genutzt, um die genetischen Ressourcen für sich zu beanspruchen. Biopiraterie ist hiernach jedoch nicht nur eine Sache von Gesetzen, vielmehr geht es um soziale, ökonomische und politische Gerechtigkeit sowie ethische Fragen. Aus Sicht dieser Akteure ist immer von Biopiraterie zu sprechen, wenn es zu einer Privatisierung von genetischen Ressourcen kommt, die vorher öffentlich waren und allen Menschen zur Verfügung standen. Im Gegensatz zu der in Kap. 4.1.2 dargestellten Auffassung handelt es sich also auch um Biopiraterie, wenn diese zur Aneignung von Ressourcen führt und dabei alle Kriterien der CBD erfüllt werden. Auch wenn also eine Institution oder ein Unternehmen einen Vertrag entsprechend der nationalen Gesetzgebung und entsprechend der CBD unterschrieben hat und einhält, sprechen diese Akteure weiterhin von Biopiraterie (Barreda et al. 2000: 5).

Bei der Kritik an der CBD findet eine Aufspaltung der südlichen Akteure statt. Während die Regierungen der südlichen Länder mit hoher Biodiversität die Souveränität ihrer Länder über die Ressourcen befürworten und als wichtigen Bestandteil zur Durchsetzung ihrer Interessen sehen, wird von indigenen Völkern und Bewegungsorganisationen dieser Umstand als problematisch eingeschätzt. Denn die Regierungen erhalten Souveränität über Ressourcen, deren Existenz und Erhalt häufig auf das Verhältnis der indigenen bzw. traditionellen Akteure zurückzuführen ist, und es ist unklar, ob die Regierungen hierbei die Interessen indigener Völker vertreten (vgl. Ribeiro 2002b: 127; s. Kap. 5.4.1).

4.2 Die Strukturen von Traditional Knowledges

Genetische Ressourcen stehen in engem Zusammenhang mit Traditionellem Wissen (Traditional Knowledges – TKs). Für die Life Sciences-Industrie sind vor allem die Nutzungs- und Vermarktungsmöglichkeiten der Ressourcen und der TKs von Bedeutung. Hierbei kann es sich um das ethnomedizinische Wissen der traditionellen Gemeinschaften handeln, um deren Bewässerungstechniken, um Management- und Klassifikationssysteme tropischer Böden, um traditionelle Formen der Schädlingsbekämpfung und um Kenntnisse über Nutz- und Wildpflanzen, wobei letztere eine wichtige Bedeutung für die weltweite Bestandssicherung der Kulturpflanzen haben (vgl. Grimmig 1999: 149). Indigene Völker und traditionelle Akteure sind Träger dieses Wissens. Und dieses Wissen ist abhängig von deren gesellschaftlichen Naturverhältnissen.

„Ein Ökosystem erscheint aus der Perspektive des Weltbilds indigener Völker als Netz sozialer Beziehungen zwischen einer bestimmten menschlichen Gruppe (Familien, Verwandtschaftsgruppen ...) und den anderen Wesen, die im selben geografischen Raum leben. Das Wissen um 'Natur' erwächst also gerade aus einer *sozialen Grundlage*" (Kuppe 2002:118, Herv. i. O.).

Wie im Kap. 1.4.2 dargestellt wurde, lässt sich eine Korrelation zwischen kultureller und biologischer Vielfalt herstellen. Die biologische Vielfalt wirkt auf die kulturelle Vielfalt ein und die kulturelle Vielfalt wiederum wirkt auf die biologische Vielfalt zurück. Durch die Diversität an Pflanzen und Ökosystemen konnten sich im Laufe der Jahrhunderte unterschiedliche Kulturen mit ihren jeweils spezifischen Umgangsweisen mit ihrem Umweltraum entwickeln, die gleichzeitig auf ihren Umweltraum zurückwirken und diesen verändern. Eine enorme Anzahl an Pflanzen mit medizinischem oder ernährungspraktischem Wert wäre wahrscheinlich ohne traditionelle Bewirtschaftungspraktiken bereits verloren gegangen (vgl. Agrawal 1998: 201). Bei vielen traditionellen Bewirtschaftungsformen findet keine Aufteilung zwischen Ressourcennutzung und Naturerhaltung statt. „Nachhaltige Bewahrung biologischer Vielfalt ist vielmehr integraler Bestandteil der von indigenen Völkern praktizierten Ressourcennutzung, nicht deren Gegensatz" (Kuppe 2002: 116). Hierbei steht der Ausdruck „Traditional Knowledges" sowohl für eine andere Form der Strukturierung von Wissensinhalten als auch für einen andersartigen institutionellen Umgang von Gesellschaften mit Wissen und ist gezielt als Gegenkonzept zu westlich-formalem akademischem Wissen entwickelt worden (vgl. Kuppe 2002: 117). Traditionelles Wissen bedeutet nicht, dass es sich um stagnierende Wissensinhalte handelt. Vielmehr verändert sich dieses Wissen in einem ständigen „*trial-and-error-Prozess*" (ebd.: 119, Herv. i. O.). Dieser Prozess ist häufig ein gesamtgesellschaftlicher Prozess und steht in einer engen Verbindung mit der Lebensweise und auch dem Lebensraum der indigenen Völker. Das Wissen um den Umgang mit der Natur erwächst daher aus seiner sozialen Bedeutung innerhalb der jeweiligen Gesellschaften. Traditionelles Wissen ist Bestandteil der gesellschaftlichen Naturverhältnisse dieser Gesellschaften. Traditionell ist hierbei der Umgang mit und die Weitergabe von Wissen. Dieses Wissen ist innergesellschaftlich nicht unbedingt allgemein zugänglich, da bisweilen nur die HeilerInnen und Hebammen über dieses Wissen verfügen und es auch nur untereinander weitergeben. Doch ist es immer Teil eines Netzwerks und kann nicht individuell besessen werden (Milborn 2002: 135).

Es darf aber nicht übersehen werden, dass die vorangegangene idealisierte Beschreibung der TKs in dieser Form nur auf die wenigsten indigenen Völker und traditionellen Akteure zutrifft. Denn diese gehören zu den ärmsten Schichten der Bevölkerung, die häufig von ihren angestammten Territorien vertrieben wurden. Mit diesen Vertreibungen ging auch ein Teil der TKs verloren, zumal diese Menschen gezwungen waren, sich an ihre neuen Standorte anzupassen. Indigene Völker und andere traditionelle LandwirtInnen sind Teil moderner Gesellschaften und mussten sich an diese Gesellschaften anpassen und unterordnen. Dennoch und zum Teil auch wegen ihrer Marginalität haben sich bestimmte Wissensformen und gesellschaftliche Naturverhältnisse dieser Menschen erhalten, die verschieden sind von den Wissensformen und gesellschaftlichen Naturverhältnissen moderner Gesellschaften.

4.3 Fallbeispiele: Die Aneignung genetischer Ressourcen

In diesem Kapitel werden drei Beispiele der Aneignung genetischer Ressourcen aufgearbeitet. Bei der Wahl der Beispiele wurde vor allem darauf geachtet, verschiedene Problemfelder und Konflikte aus verschiedenen Ländern aufzuzeigen. In allen Beispielen finden sich konträre Positionen der beteiligten Akteure wieder.

4.3.1 Der Neembaum in Indien

Seit fast zehn Jahren gibt es Konflikte um den Neembaum in Indien. An diesem Beispiel lässt sich die Patentierungspraxis verschiedener Unternehmen und die Wirkung von Patenten im Bereich der traditionellen Güter aufzeigen. Auch steht der Fall exemplarisch für den Umgang westlicher Wertesysteme mit tradierten Kulturen.

Der Neembaum (*Antelaea azadirachta* (L.) Adelbert = *Azadirachta indica* Juss.; Meliaceae)gehört zu den Mahagonihölzern und ist ein immergrüner Baum, der 20 bis 30m Höhe und 2.5m Umfang erreichen kann und eine dichte, weit ausladende Krone bildet. Der wissenschaftliche Name leitet sich aus dem Persischen *azad darakht* ab, was so viel wie „edler Baum" oder auch „Baum der Freiheit" bedeutet (vgl. IFOAM 2000 und umweltinstitut.org 2000).[108] Es gibt viele verschiedene, teilweise regionale Namen für den Neembaum. Er stammt ursprünglich aus Indien, wurde im letzten Jahrhundert aber auch in andere Regionen und Kontinente wie Afrika, Zentral- und Südamerika, die Karibik und in Asien eingeführt (vgl. Kein Patent auf Leben 2000: 3 und IFOAM 2000).[109] Der Neembaum nimmt in der indischen Medizin eine wichtige Stellung ein. In der ayurvedischen Pharmakopoe, der traditionellen indischen Heilkunde, sind eine große Anzahl an Verwendungsmöglichkeiten des Neembaums und seiner Bestandteile bekannt.[110] So werden aus seinen Blättern, Blüten und Samen, seiner Rinde und Wurzel verschiedene Medikamente z.B. gegen Hauterkrankungen, Entzündungen, Halsbeschwerden, Fieber, Malaria und Pocken hergestellt. Das Kauen von Neemwurzeln ist ein übliches und wirksames Mittel für die Mund- und Zahnpflege.[111] In der indischen Landwirtschaft nehmen Neemextrakte eine prominente Position ein, da bestimmte Wirkstoffe stark insektizid und fungizid wirken. Neemextrakte werden daher traditionell als Schädlingsbekämpfungsmittel, in der Vorratslagerung und auch in der Bodenbearbeitung und Düngung eingesetzt (vgl. Kein Patent auf Leben 2000: 3).

Das Wissen um die verschiedenen Nutzungsmöglichkeiten des Neembaumes ist seit über 2000 Jahren bekannt. Dieses traditionelle

Wissen ist im 20. Jahrhundert durch die moderne Medizin bestätigt worden. Im Bereich der Schädlingsbekämpfung wurde in den letzten Jahrzehnten intensiv geforscht, da nach Alternativen zu den auch für den Menschen schädlichen chemischen Pestiziden gesucht wurde (vgl. Shiva 2002: 81). Zugleich locken Gewinne auf dem Pestizidmarkt. Allein in den USA werden in diesem Bereich jährlich zwei Milliarden US-Dollar umgesetzt, davon bereits mehrere hundert Millionen US-Dollar allein im Biopestizid-Bereich mit steigender Tendenz. Auch im kulturellen, religiösen und literarischen Bereich spiegelt sich die Bedeutung des Baumes wider. In Sanskrit wird der Neembaum *Sarva Roga Nivarini* genannt, was so viel wie „Heiler der Leiden" bedeutet und in der muslimischen Tradition heißt er *Shajar-e-Mubarak,* der „gesegnete Baum" (vgl. Shiva o.J.). Den Hindi gilt der Baum als heilig und in einigen Teilen Indiens wird das neue Jahr mit dem Verzehr der zarten Schößlinge des Neembaumes begonnen (vgl. Shiva 2002: 80).

4.3.1.1 Der Neembaum und Patente

Seit 1985 wurden von verschiedenen Unternehmen insgesamt 49 Patente beim EPO beantragt, die im Zusammenhang mit dem Neembaum stehen. Weltweit sind es bereits über 90 Patente (vgl. Tippe

Tab. 11: Die bestehenden Patente und ihre Inhalte
auf Wirkstoffe des Neembaums

Inhalte der Patente[112]	Anzahl an Patenten	Nummer der Patente (vgl. Liste 1 im Anhang)
Patente betreffen insektizide Wirkung	17	1, 10, 15, 20, 24, 26, 28, 30, 33, 35, 38, 39, 40, 42, 45, 46, 48
Patente für fungizide, antibakterielle Wirkung	13	4, 7, 19, 23, 27, 29, 30, 31, 33, 34, 45, 46, 48
Patente für medizinische Anwendungen	5	2, 3, 12, 17, 32, 44, 49
Patente für Kontrolle der Fortpflanzung	3	2, 3, 32
Patente für Detoxifikation	1	8
Patente für spezielle Anwendungen	3	1, 4, 13,14, 25, 43, 47
Patente für Extraktionsmethoden	7	5, 6, 9, 16, 21, 22
Patente für stabile Extrakte	3	11, 36, 37, 41

Quelle: Tippe 2002b

2002b). Inhalte der Patente sind Extraktionsmethoden, isolierte Extrakte und die Anwendung dieser Substanzen. Diese können sich z.B. auf die insektiziden, fungiziden und antibakteriellen Wirkungen und auf Anwendungen im Bereich der Geburtenkontrolle beziehen (s. Tab.11). Es handelt sich bei keinem dieser Patente um Anwendungen oder Veränderungen im Zusammenhang mit Gentechnik, auch beziehen sich die Patente in keinem Fall auf die ganze Pflanze.

Insgesamt wurde bei 14 Anträgen auch das entsprechende Patent erteilt, wobei zwei Patente (Nr. 33, Nr.37) durch Einspruch im Nachhinein wieder zurückgenommen werden mussten. 19 Patent-

Tab. 12: Der Verfahrensstand der Patente auf Wirkstoffe des Neembaumes

Verfahrensstand (1):	Anzahl an Patenten	Nummer der Patente (vgl. Liste 1 im Anhang)
Insgesamt erteilte Patente	14	7, 13, 16, 24, 25, 26, 28, 29, 31, 32, 33, 36, 37, 39
Patente bei Einspruchsverhandlungen widerrufen	2	33, 37
Positive Patenterteilung widerrufen	1	33
Patente wurden zurückgenommen (2)	19	4, 5, 8, 10, 14, 15, 17, 18, 19, 20, 21, 22, 23, 27, 30, 34, 35, 38, 40
Patente werden vom EPA noch geprüft	12	1, 2, 3, 6, 9, 11, 12, 41, 42, 43, 44, 47
Patente in vorläufiger Prüfung (3)	3	46, 48, 49

Quelle: Tippe 2002b

Anmerkungen:
(1) Für einige Patente treffen verschiedene Kategorien zu.
(2) Die Zurücknahme von Patenten erfolgt aus verschiedenen Gründen. Häufig werden fällige Gebühren nicht bezahlt (weil das Interesse am Patent nicht mehr besteht) oder die Zahlungen werden vergessen. Ferner ist ein Patentantrag relativ teuer und viele Unternehmen scheuen diese Ausgaben. Schließlich kann es auch sein, dass das Patentamt bei der Prüfung des Patentes feststellt, dass das Patent nicht neu ist oder keiner erfinderischen Tätigkeit entspricht (Tippe 2002a).
(3) Die „vorläufige Prüfung" ist schneller, kürzer und billiger als die „richtige Prüfung". Sie wird dafür verwendet, um abzuklären, ob sich der Aufwand und die Kosten lohnen, in die Phase der „richtigen Prüfung" einzutreten (vgl. Tippe 2002c).

Tab. 13: Inhaber der Patente auf Wirkstoffe des Neembaumes (Auszug)

Patentinhaber	Anzahl an Patenten	Nummer der Patente (vgl. Liste 1 im Anhang)
Indische Unternehmen	10	2, 3, 9, 12, 29, 32, 42, 43, 45, 48
W. R. Grace & Co.-Conn.	6	14, 27, 31, (33)[113], 36, 37
Rohm and Haas	5	18, 24, 25, 26, 39
Thermo Trilogy	3 (4)	11, 14, 15, 33, 41
Agridyne Technologies	3	19, 21, 22
Bayer	2	4,1

Quelle: Tippe 2002b

anträge wurden während der Prüfphase zurückgenommen und 15 sind noch in der Prüfung (vgl. Tab. 12).

Zu den Patentinhabern gehören einige indische Organisationen und ansonsten verschiedene Unternehmen aus dem Ausland (vgl. Tab. 13).

Im Folgenden wird auf das europäische Patent Nr.33, EP 436257 „Margosan-O", näher eingegangen, da sich an diesem Beispiel gut die verschiedenen Positionen und die Problematik von Patenten, die im Zusammenhang mit dem Neembaum stehen, aufzeigen lassen.

4.3.1.2 Verlauf des Konflikts um das Patent EP 0 436257 „Margosan-O"

1994 erteilte das EPO ein Patent für ein Pilzschutzmittel namens „Margosan-O", das aus dem Öl der Samen des Neembaumes in Indien gewonnen worden war. Dieses Patent war von der US-Firma W.R. Grace & Co.-Conn. und von dem US-Landwirtschaftsministerium angemeldet worden. Das Patent wurde erteilt für eine Methode zur Kontrolle des Pilzbefalls von Pflanzen mit Zubereitungen von aus den Samen des Neembaumes extrahiertem Neemöl.[114] Als erfinderischer Schritt wurde die Wirkung des Mittels gegen Pilzbefall angesehen. Diese Wirkung erschien als nicht nahe liegend, da das extrahierte Produkt praktisch frei ist von Azadirachtin und nach Ansicht des Patentamtes bisher angenommen wurde, dass Azadirachtin zur fungiziden Wirkung des Neemöls führt. Nachdem die Firma W.R. Grace das Patent erhalten hatte, wurden Produktionsstätten in Indien aufgebaut, um die Neemfrüchte aufzukaufen und weiterzuverarbeiten (vgl. Shiva 2002: 80ff.).

Bereits Anfang 1993, also noch vor der Erteilung des Patents, organisierten indische LandwirtInnen eine Neem Campaign, die sich gegen die Patentierung von Neemextrakten durch Unternehmen richtete. Die LandwirtInnen hatten bemerkt, dass von verschiedenen Unternehmen eine Aneignung bestimmter Teile des Neembaums über Patente stattfand. Die Neem Campaign drückte die Befürchtung der LandwirtInnen aus, ihre täglich verwendeten Ressourcen und das traditionelle Wissen um diese könnten durch Patente von Unternehmen angeeignet und monopolisiert werden. Ende 1993 fand die erste öffentliche Demonstration gegen die Patentierung von PGR und speziell Neemextrakte statt. Die LandwirtInnen proklamierten, ihr Wissen sei im Gegensatz zu den privaten IPR durch *Samuhik Gyan Sanad* (kollektive intellektuelle Rechte) geschützt. Auch argumentierten die LandwirtInnen, die Aneignung von lokalem Wissen und von lokalen genetischen Ressourcen durch Firmen und Konzerne sei intellektuelle Piraterie (vgl. Shiva 2002: 90; IFOAM 2000). Zeitgleich mit den Protesten wurde Einspruch gegen das Patent EP 0 436 257 erhoben. Den Einspruch brachten drei Personen ein: Vandana Shiva, Vorsitzende der Research Foundation for Sciences, Technology and Ecology aus Neu Dehli, Magda Aelvoet, die Grüne Abgeordnete im Europäischen Parlament war, und Linda Bullaard, die in der International Federation of Organic Agriculture Movements (IFOAM) arbeitete.

Die indischen LandwirtInnen und diese unterstützenden NGOs argumentierten, die Patente, die im Zusammenhang mit dem Neembaum stehen, seien keine Neuerfindungen und es handle sich vielmehr um eine Erweiterung der Methoden, die traditionell bereits seit langer Zeit bekannt seien. Hierzu merkte Dr. Singh vom Indian Agricultural Research Institute, der zu den Einspruchsverhandlungen beim EPO als Zeuge eingeladen worden war, an:

„Margosan-O is a simple ethanolic extract of neem seed kernel. In the late sixties we discovered the potency of not only ethanolic extract, but also other extracts of neem ... Work on the neem as pesticide originated from this division as early as 1962. Extraction techniques were also developed by a couple of years" (vgl. Shiva o.J.).

Abgesehen von der wissenschaftlichen Aufarbeitung der Neemextrakte betonten verschiedene indische Organisationen, dass die fungizide Wirkung von hydrophoben Neemextrakten bereits seit Jahrhunderten sowohl in der Ayurvedischen Medizin als auch in der traditionellen indischen Landwirtschaft bekannt sei und breite Anwendung finde. Sie führten aus, „it appeared to be mere routine work for a skilled person to add an emulsifier in an appropriate amount" (vgl. IFOAM 2000) und das Patent EP 0 436257 sei also weder neu noch sei eine erfinderische Leistung erbracht worden. Aus Sicht dieser Organisationen war kein erfinderischer Schritt nötig, um das Produkt herzustellen: „This novelty exists mainly in the context of the ignorance of the West" (vgl. Shiva o.J.).

Nachdem sich die Einspruchsverhandlungen mehr als fünf Jahre in die Länge zogen, wurde das Patentverfahren im Mai 2000 vor dem europäischen Patentamt in München wieder aufgerollt. Nach zweitägigen Verhandlungen wurde am 10. Mai 2000 das Verfahren durch die Einspruchskammer mit dem vollständigen Widerruf des Patentes abgeschlossen (vgl. Tippe 2002b: 5). Das Patent der Firma W.R. Grace und des amerikanischen Landwirtschaftsministeriums wurde mit der Begründung widerrufen, dass keine erfinderische Tätigkeit festgestellt werden konnte. Allerdings ging W.R. Grace in Berufung gegen das Urteil. Das Verfahren kann so weitere fünf Jahre in die Länge gezogen werden. In diesem Zeitraum bleibt das Patent rechtskräftig. 2002 verkaufte W.R. Grace das Patent an das Unternehmen Thermo Trilogy (vgl. Meienberg 2002: 58).

4.3.1.3 Auswirkungen von Patenten auf Teile des Neembaumes

Ein direkte Auswirkung bestimmter Patente auf Teile des Neembaumes war der steigende Preis für Neemsamen. Wie bereits dargestellt, gewinnt der Handel mit biologischen Pestiziden an Bedeutung. Um diesen Markt in großem Umfang bedienen zu können, kauft W.R. Grace den größten Teil der Neemsamen in Indien auf (ca. 20t/Tag). Hieraus resultiert eine Wertsteigerung der Samen von vormals ca. elf US-Dollar je Tonne auf heute ca. 110-150 US-Dollar (vgl. IFOAM 2000). Diese Wertsteigerung wird nun unterschiedlich bewertet. W.R. Grace und die Tochterfirma P.J. Margo argumentieren, diese Wertsteigerung komme der indischen Wirtschaft zugute: Es handele sich um „a classic case of converting waste to wealth and beneficial to the Indian farmer and its economy" (z. n. Shiva o.J.). Die indischen LandwirtInnen sind jedoch anderer Meinung. So merkt Shiva zu obigen Zitat an: „This statement is in turn a classic example of the assumption that local use of a product does not create wealth but waste; and that wealth is created only when corporations commercialise the resources used by local communities" (Shiva o.J.).

Aus Sicht der indischen LandwirtInnen führt die Wertsteigerung der Neemsamen dazu, dass die Samen für die kleineren indischen Firmen praktisch nicht mehr bezahlbar sind. Die ÖlmüllerInnen beispielsweise, die das Neemöl zu Brennstoff für Lampen weiterverarbeitet haben, können sich die Neemsamen nicht mehr leisten. IFOAM (2000) bemerkt hierzu: „Almost all the seed collected – which was previously freely available to the farmer and healer – is now purchased by the company, causing the price of neem seed to rise beyond the reach of the ordinary people." Die breite Kommodifizierung der Neemsamen durch private Unternehmen würde zu einer Abnahme der Anzahl an NutzerInnen führen. Eine Ressource, die vorher allen zugänglich war und in allen gesellschaftlichen Bereichen Anwendung fand, wird ein immer exklusiveres Gut.[115] Als weitere Konsequenz des Patentes dürfen indische Firmen ihre Biopestizide auf Neembasis nicht nach Europa und in die USA exportieren. So kommt Shiva zu dem Schluss:

„As the local farmer cannot afford the price that the industry can, the diversion of the seed as raw material from the community to industry will ultimately establish a regime in which a handful of companies holding patents will control all access to neem as raw material and all production processes." (Shiva o.J.)

4.3.2 Das Projekt ICBG-Maya in Chiapas/Mexiko

In diesem Kapitel wird das Projekt ICBG-Maya dargestellt, das in Chiapas, einem Bundesstaat von Mexiko, durchgeführt wurde. In Mexiko erregte dieses Projekt viel Aufsehen, da es von verschiedenen nationalen wie internationalen Organisationen scharf kritisiert und als Biopiraterie-Projekt bezeichnet wurde. Infolge des breiten Widerstandes musste das Projekt schließlich Ende 2001 abgebrochen werden.

4.3.2.1 Mexiko und die Region Chiapas

Die Region Chiapas befindet sich im Süd-Osten Mexikos an der Grenze zu Guatemala und gehört mit etwa 3,9 % der mexikanischen Landesfläche zu den kleineren Bundesstaaten (s. Abb. 9).

Mexiko gehört in Bezug auf seine Biodiversität nach Brasilien und Kolumbien zu den artenreichsten Ländern der Welt. Als so genanntes Megadiversitätsland ist es charakterisiert durch einen großen Reichtum an Flora und Fauna, an Biotopen und Lebensräumen und an klimatischen wie geographischen Regionen. Bisher sind etwa 22.000 Gefäßpflanzen bekannt, von denen 52% in Mexiko endemisch sind (vgl. COMPITCH et al. 2000: 12ff.). Mexiko besitzt nicht nur eine hohe natürliche Biodiversität, sondern auch eine hohe Diversität an Kulturpflanzen. Beispielsweise gibt es 41 Maissorten mit mehreren tausend Varietäten (vgl. Taba 1995).[116] Der Bundesstaat Chiapas ist in Bezug auf die Diversität der Gene, Arten und Ökosysteme äußerst vielfältig und umfasst verschiedene klimatische und topographische Regionen, von Küstenregionen bis zu Hochgebirgen. Bislang sind ca. 4.300 Pflanzenarten in Chiapas identifiziert

Abb. 9: Der Staat Mexiko mit dem Bundesstaat Chiapas

Quelle: CIEPAC (Centro de Investigaciones Económicos y Políticas de Acción Comunitaria): www.ciepac.org/maps/indexpolitico.htm, verändert

worden, etwa 20% der Pflanzenarten in Mexiko (vgl. Medellín 1996: 65). Chiapas ist außerdem Mexikos größter Stromproduzent (Hydro-energie), besitzt Erdöl- und Gasvorkommen und ist Hauptlieferant von Kaffee, Bananen, Kakao, Rindern und Zitrusfrüchten (vgl. Gonzáles/Pólito 2000: 66). Die Region Chiapas nimmt, bezüglich der Dichte seiner Artendiversität von etwa 5000 Tier- und Pflanzen-arten pro 10.000 km^2, weltweit den neunten Platz ein (Grupo Sierra Madre 1992).

Chiapas ist zugleich aber auch der ärmste Bundesstaat Mexikos mit dem höchsten Marginalitätsindex.[117] Die Analphabetenrate liegt bei etwa 25%. Die Hälfte der Einwohner kann nicht lesen und schrei-ben und verfügt über keine oder eine schlechte Strom-, Abwasser- und Trinkwasserversorgung. Von den 112 Landkreisen von Chiapas gelten nach der Einschätzung des mexikanischen Nationalrats für Bevölkerungsfragen 38 Landkreise als in sehr hohem und 56 als in hohem Maße marginalisierte Regionen. Die Kriterien des mexikani-schen Nationalrats entsprechen etwa den von der UNO verwende-ten Maßstäben für „extreme Armut" und „Armut". Die Bevölkerung von Chiapas besteht zu einem erheblichen Teil aus indigenen Gemeinschaften. In 27 der Landkreise besteht die Bevölkerung zu 92% aus Indigenen. Die meisten Todesfälle in diesen indigenen Gemeinschaften sind nach Ceceña (2000: 275f.) auf Unterernährung zurückzuführen. Etwa ein Drittel der Bevölkerung Chiapas spricht kein Spanisch und ein weiteres Drittel nur mit erheblichen Schwierigkeiten. In den anderen Landesteilen Mexikos werden die indigenen Sprachen nicht verstanden. Zu den wichtigsten indigenen Gruppen in Chiapas gehören die Tzeltal mit etwa 320.000 Menschen (ca. 10% der chiapanekischen Gesamtbevölkerung), die Tzotzil mit 280.000, die Ch'ol mit 140.000, die Tojolabal mit 45.000, die Zoque mit 43.000, die Kanjobal mit 14.000 und die Mame mit 12.000 Menschen (vgl. Abb.10 und Ceceña 2000: 271).

Abb. 10: Die zahlenmäßig größten indigenen Gruppen von Chiapas und ihre Lage in Chiapas

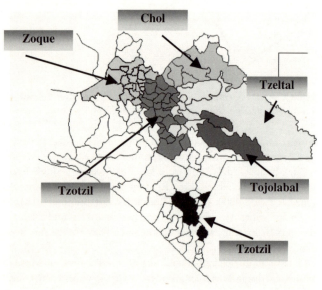

Quelle: CIEPAC www.ciepac.org/maps/indexsociales.htm, verändert

Die indigene Bevölkerung hat sich im Laufe der Jahrhunderte ein breites Wissen um die Biodiversität der Region angeeignet. Die traditionelle Medizin hat eine große Bedeutung. Mehr als 1.800 regional vorkommende Pflanzen werden als Medizinalpflanzen verwendet, für die ein eigenes Klassifizierungssystem entwickelt und Herbarien aufgebaut wurden (vgl. Berlin 1992). Die politische Lage in

Chiapas ist äußerst kompliziert und brisant und war bereits Thema vieler Publikationen. Internationale Beachtung erfuhr der Aufstand der *Ejército Zapatista de Liberación Nacional* (EZLN) 1994. Seit diesem Aufstand indigener, bewaffneter Gruppen ist es in Chiapas zu einer Militarisierung großen Ausmaßes durch das mexikanische Militär und paramilitärische Gruppen gekommen. Etwa ein Viertel der Truppen Mexikos befindet sich in Chiapas und paramilitärische Einheiten sorgen für Leid unter der Bevölkerung. Insgesamt gibt es in Chiapas etwa 21.000 indigene Menschen, die aus ihrem Heimatgebiet durch Militärs bzw. Paramilitärs vertrieben wurden (vgl. ausführlicher: Brand/Ceceña 2000; Globalexchange et al. 2000; Fray Bartolomé de las Casas 2000).

4.3.2.2 *International Cooperative Biodiversity Groups (ICBG)*

Die hohe Biodiversität und die gleichzeitige Dichte an indigenen Völkern mit ihrem traditionellen Wissen um diese Biodiversität führen seit längerer Zeit zu einem ausgeprägten Interesse verschiedener ForscherInnen an dieser Region. Einer der bekanntesten ist Dr. Brent Berlin, der seit über 30 Jahren in diesem Gebiet geforscht hat (vgl. Berlin et al. 1974; Berlin 1992). Die *International Cooperative Biodiversity Groups* (ICBG) interessierten sich seit 1997 für die Region Chiapas und verfolgten das Ziel, deren genetische Ressourcen kommerziell verwertbar zu machen. Die ICBG ist ein Zusammenschluss verschiedener privater und öffentlicher Institutionen.[118] Das ICBG-Programm wurde 1991 auf einer Konferenz des amerikanischen *National Institutes of Health* (NIH), der *Biological Sciences Directorate of the National Science Foundation* (NSF) und der *U.S. Agency for International Development* (USAID) entwickelt. Thema der Konferenz war die Verbindung zwischen der Entwicklung von neuen Medikamenten, Biodiversität und Wirtschaftswachstum in südlichen Ländern. An dieser Konferenz nahmen auch VertreterInnen der pharmazeutischen Industrie und ExpertInnen aus den Bereichen Ethnobiologie, traditionelle Medizin und geistige Eigentumsrechte teil (vgl. ICBG 1997a). Nach der Konferenz kam es schließlich zur Gründung der ICBG unter dem Dach der *Technical Advisory Group* (TAG). Die TAG besteht aus drei öffentlichen amerikanischen Institutionen (vgl. ICBG 2002a):

- dem *National Institutes of Health* (NIH)
- dem *Biological Sciences Directorate of the National Science Foundation* (NSF) und
- dem *Foreign Agriculture Service* (FAS)

Innerhalb des NIH kooperieren folgende Institutionen an dem Programm:
- das *Fogarty International Center* (FIC)
- das *National Cancer Institute* (NCI)
- das *National Institute of Allergy and Infectious Diseases* (NIAID)
- das *National Institute of Mental Health* (NIMH)
- das *National Institute on Drug Abuse* (NIDA)
- das *National Heart, Lung, and Blood Institute* (NHLBI)

Diese Institutionen schlossen sich in den 1990er Jahren zusammen, da sie dringenden Handlungsbedarf in Bezug auf die Bedrohung der Biodiversität sahen:

„Natural products are often found in ecosystems that are seriously threatened. Deforestation is apparently proceeding at a rate of 20 million hectares per year, resulting in the loss of species at rates estimated to be 100 to 1000 times greater than background extinction. Recent experience demonstrates that diverse plant, microbial and animal resources, contain a wealth of potentially useful compounds. The terrible irony is that ... the raw material is being lost to extinction" (ICBG 1997a).

Die ICBG Projekte sehen ihre Aufgabe nicht in der Schaffung von Naturschutzgebieten, sondern in der Sammlung und Aufbewahrung genetischer Ressourcen. Das Ziel der ICBG ist nach eigenen Angaben das Auffinden von Medizinalpflanzen, der Schutz und Erhalt der Biodiversität und die Förderung nachhaltigen ökonomischen Wachstums in ländlichen Gebieten:

„The unifying theme underlying the ICBG program is the concept that the discovery and development of pharmaceutical and other useful agents from natural products can, under appropriate circumstances, promote economic opportunities and enhanced research capacity in developing countries while conserving the biological resources from which these products are derived" (ICBG 2002b).

Zur Zeit gibt es fünf ICBG-Projekte in zehn Ländern, die sich in Lateinamerika, Asien und Afrika befinden.[119] Mit einer Ausnahme sind alle Projekte in tropischen Regionen situiert. Jedem Projekt stehen jährlich etwa 500.000 bis 600.000 US-Dollar zur Verfügung. Die Ausgaben für die gesamte Planung und Durchführung aller Projekte liegen jährlich bei etwa vier Millionen US-Dollar (ICBG 2002a).[120] Alle ICBG-Projekte haben eine typische Struktur. Die TAG hat als oberste Instanz die Kontrolle über alle Bioprospektions-projekte. In die Projekte einbezogen sind (vgl. Ribeiro 2002a: 47):
- Universitäten und botanische Gärten der USA. Diese koordinieren die Projekte und bekommen die gesamte Information und die Materialien über das Projekt.

- Universitäten und Forschungseinrichtungen des jeweiligen Landes, in dem die Bioprospektion durchgeführt werden soll.
- TNCs aus der Life Sciences-Industrie wie Pharmacia, Glaxo-Wellcome, Bristol Myers Squibb, Shaman Pharmaceuticals, Dow Elanco Agrosciences, Wyeth-Ayerst und American Cyanamid.
- NGOs (in einigen Fällen), wie beispielsweise der Worldwide Fund for Nature (WWF) und *Conservation International*.

Über die nationalen Forschungseinrichtungen in den südlichen Ländern oder über NGOs werden die lokalen indigenen Gemeinschaften in das Projekt einbezogen. Diese liefern die Pflanzenproben.

4.3.2.3 Das Projekt ICBG-Maya

In Chiapas entstand Ende 1998 das Projekt *Drug Discovery And Biodiversity Among The Maya Of Mexico* (im Folgenden: ICBG-Maya), das mit 2,5 Mio. Dollar für eine Laufzeit von 5 Jahren ausgestattet wurde. Das Projekt sollte nach eigenen Angaben das Ziel verfolgen, die Biodiversität und die traditionelle Medizin zu erhalten und zu einer nachhaltigen Entwicklung der Region Los Altos im geographischen Zentrum von Chiapas beizutragen. Nach Ansicht von ICBG-Maya gibt es immer weniger Menschen, die die traditionelle Medizin kennen und ein Wissen um die Pflanzen der Region besitzen (vgl. ICBG-Maya o.J.: 1).

In das Projekt waren besonders drei Institutionen involviert: Die *Foundation of Investigation* der Universität von Georgia in den USA; das *El Colegio de la Frontera Sur* (ECOSUR), eine staatliche Forschungsinstitution Mexikos, die sich hauptsächlich aus privatem, zum größten Teil ausländischem, Kapital finanziert (siehe www.ecosur.mx) und die Firma *Molecular Nature Limited* (MNL)[121] in England. Eine vierte Organisation mit dem Namen PROMAYA sollte als Vertretung und Verhandlungspartner der indigenen Interessen fungieren. Es kam jedoch nie zur Gründung dieser Organisation (vgl. ETC 2001a). Die Konzeption für das Projekt ICBG-Maya kann in drei Programme untergliedert werden, die sich in der Aufgabenverteilung der beteiligten Institutionen widerspiegelt (vgl. ICBG-Maya o.J.: 2ff.; vgl. Abb. 11):

- Programm 1 (ECOSUR): „Erhaltung, nachhaltige Landwirtschaft und regionales ökonomisches Wachstum": Hierbei handelt es sich um das eigentliche Bioprospektionsprojekt, also um die Sammlung von Pflanzen, die evtl. einen medizinischen Effekt haben könnten. Diese Arbeit wird von BiologInnen und AnthropologInnen in Zusammenarbeit mit den indigenen Gemeinden vor Ort ausgeführt.

- Programm 2 (Universität in Georgia/USA): „Medizinische Ethnobiologie und Bestandsaufnahme der Biodiversität": Archivierung
und Aufarbeitung der aus Chiapas stammenden Proben und
Durchführung verschiedener Testreihen. Wenn es zu positiven
Reaktionen in Hinblick auf medizinische Aktivität kommt, wird
das Material zu der MNL nach England gebracht.
- Programm 3 (MNL/England): „Entdeckung von medizinischen
Komponenten und Entwicklung von Pharmazeutika": Gen-
screening und -sequenzierung des aufgearbeiteten Materials mit
dem Ziel, möglichst viele potentiell medizinisch aktive Sequen-
zen zu entdecken und daraus Medikamente zu entwickeln, die
schließlich patentiert werden können.

Abb. 11: Die Einbindung der verschiedenen Institutionen
in das Projekt ICBG-Maya

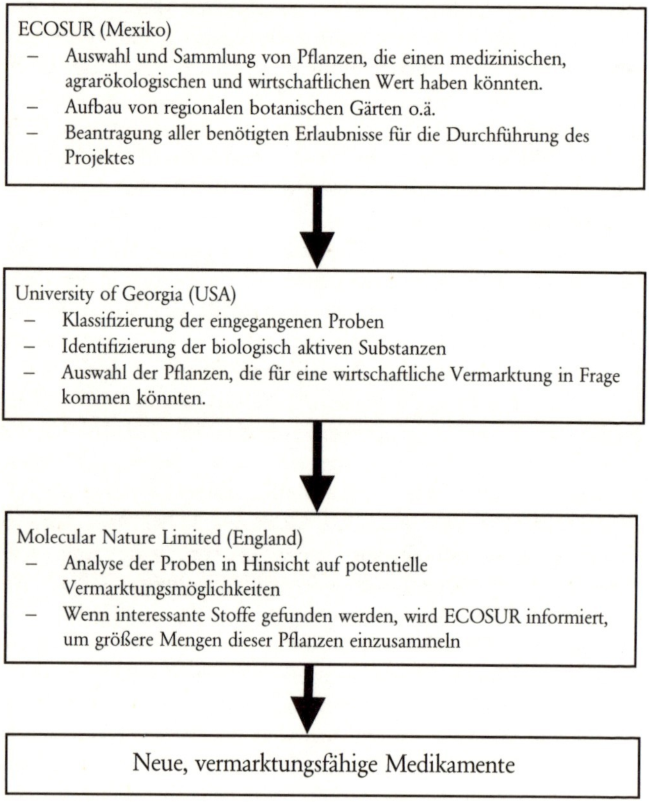

ECOSUR (Mexiko)
- Auswahl und Sammlung von Pflanzen, die einen medizinischen,
  agrarökologischen und wirtschaftlichen Wert haben könnten.
- Aufbau von regionalen botanischen Gärten o.ä.
- Beantragung aller benötigten Erlaubnisse für die Durchführung des
  Projektes

University of Georgia (USA)
- Klassifizierung der eingegangenen Proben
- Identifizierung der biologisch aktiven Substanzen
- Auswahl der Pflanzen, die für eine wirtschaftliche Vermarktung in Frage
  kommen könnten.

Molecular Nature Limited (England)
- Analyse der Proben in Hinsicht auf potentielle
  Vermarktungsmöglichkeiten
- Wenn interessante Stoffe gefunden werden, wird ECOSUR informiert,
  um größere Mengen dieser Pflanzen einzusammeln

Neue, vermarktungsfähige Medikamente

Quelle: Ceceña/ Giménez 2002: 86, verändert

Aus dem Projekt ICBG-Maya sollten sowohl nichtmonetäre wie monetäre Gewinne an die indigenen Gemeinden zurückfließen. Zu den nichtmonetären Gewinnen wurde die Errichtung von kleinen botanischen Gärten, das Ausarbeiten von pädagogischen Mappen und der Anbau der medizinisch wirksamsten Pflanzen gezählt. Falls sich Pflanzen finden sollten, aus denen biotechnologische Produkte und Pharmazeutika hergestellt werden können, sollten 25% des Geldes, das über die Patentgebühren eingenommen wird, an PRO-MAYA ausgezahlt werden. PROMAYA sollte dann entscheiden, welche Projekte in der Region Los Altos in Chiapas finanziert werden würden. Der Schwerpunkt des Vorteilsausgleichs sollte auf nicht-monetären Leistungen beruhen (vgl. ICBG-Maya o.J.: 20f.).

4.3.2.4 COMPITCH und der Konflikt mit ICBG-Maya

Die *Consejo Estatal de Organizaciones de Médicos y Pateras Indígenas Tradicionales de Chiapas* (COMPITCH)[122] ist eine Dach-organisation von 12 indigenen HeilerInnen-Organisationen von Chiapas. Sie gründete sich 1994 mit dem Ziel, die traditionelle Medizin wiederzubeleben, fortzuführen und für deren Verbreitung in den indigenen Gemeinden Chiapas Sorge zu tragen. Sie ist Teil eines nationalen Netzwerkes in Mexiko.[123] Als wichtigste indigene Organisation in Chiapas, die sich mit der Heilwirkung der regiona-len Pflanzen und der Aufarbeitung des indigenen Wissens beschäf-tigt, wurde COMPITCH im Januar 1998 von ECOSUR von dem Projekt ICBG-Maya in Kenntnis gesetzt. COMPITCH meldete je-doch Bedenken gegen das Projekt an. Man sorge sich, dass sich die Patentierung bestimmter Medikamente, die auf das indigene Wissen und deren Pflanzen zurückgehen, negativ auf die Menschen auswir-ken könnten. Auch fehle es an gesetzlichen Regelungen, die den Zugang zu den genetischen Ressourcen regelten (vgl. La Jornada: 2000: 43). Einzelne Mitgliedsorganisationen von COMPITCH, wie die *Organización de Médicos Indígenas del Estado de Chiapas* (OMIECH)[124], verfolgten seit einigen Jahren das Konzept, die Regi-on Chiapas mit traditionellen Medikamenten zu versorgen und die-se für wenig Geld zu verkaufen. Gleichzeitig wurden für die indigenen Gemeinden Kurse angeboten, in denen die Menschen die traditio-nelle Medizin wieder erlernen sollten. Dadurch sollten die zumeist sehr armen Menschen aus den indigenen Gemeinden in die Lage versetzt werden, ihre Medikamente selbst herzustellen und nicht teuer kaufen zu müssen. Durch die Erlernung ihrer traditionellen Medi-zin sollten sie unabhängiger werden und lernen, wieder zu mehr Selbstbestimmung zu finden. Patente, so die Angst dieser indigenen

Organisationen, könnten den Verkauf der Medikamente und die Weitergabe des Wissens um deren Zubereitung verbieten oder wenigstens erschweren (vgl. OMIECH 2000: 1ff.).

Trotz der von COMPITCH geäußerten Bedenken wurde das Projekt ICBG-Maya von der TAG im Juli 1998 bewilligt und im Mai 1999 von der Universität von Georgia, ECOSUR und MNL unterzeichnet. COMPITCH erfuhr von dem Entschluss, dass das Projekt starten sollte, erst, nachdem bereits alle Vorbereitungen dafür abgeschlossen waren (vgl. COMPITCH et al. 2000: 20). Daraufhin startete COMPITCH verschiedene Aktivitäten, um auf ihre Bedenken aufmerksam zu machen und das Projekt so lange zu stoppen, bis diese Bedenken ausgeräumt wären. COMPITCH organisierte verschiedene Presseveranstaltungen und wandte sich an den mexikanischen Kongress. Auf einer Pressekonferenz im September 1999 kritisierte COMPITCH, dass der Bioprospektionsvertrag für die Region Chiapas geschlossen wurde, ohne dass die indigenen Gemeinden in die Verhandlungen und den Vertragsabschluss einbezogen worden waren. Es wurde darauf hingewiesen, dass es in Mexiko bisher keine gesetzlichen Regelungen gibt, die sich auf die Bioprospektion von genetischen Ressourcen beziehen. Auch sei die USA nicht der CBD beigetreten und ICBG-Maya agierten daher im rechtsfreien Raum (Herrera 1999: 16).

„Es ist ein Raub indigenen traditionellen Wissens und deren Ressourcen mit der Absicht, Medikamente zu produzieren, die auf keine Weise den Gemeinden nutzen, die diese Ressourcen seit einem Jahrtausend nachhaltig pflegen. Außerdem hat das Projekt explizit die Absicht, das Wissen über diese Ressourcen, das bisher immer kollektives Eigentum gewesen ist, zu patentieren und zu privatisieren" (COMPITCH, zit. n. RAFI 1999: 3; Übersetzung J.W.).

Als sich im Laufe des Jahres 1999 abzeichnete, dass keine der an dem Projekt ICBG-Maya beteiligten Institutionen ernsthaft auf die Kritik der indigenen Organisationen eingehen wollte, wurde schließlich eine Kampagne mit dem Ziel gestartet, die Menschen in den indigenen Gemeinden von dem Projekt in Kenntnis zu setzen. Da das Projekt ICBG-Maya auf die Zusammenarbeit mit den indigenen Gemeinschaften angewiesen war, sollten diese davon überzeugt werden, die Zusammenarbeit mit ICBG-Maya zu verweigern. Ende 1999 hatten sich bereits dreizehn weitere regionale Organisation dem Widerstand gegen ICBG-Maya angeschlossen (vgl. RAFI 1999b.).

Im Dezember 1999 wandte sich COMPITCH an das *Secretaría de Medio Ambiente, Recursos Naturales y Pesca* (SEMARNAP)[125], das als Umweltministerium offiziell für Angelegenheiten bezüglich Bioprospektion in Mexiko verantwortlich ist, und forderte den Stop des Projektes ICBG-Maya (Balboa 1999: 41). Ab Mitte 2000 wurde in allen indigenen Gemeinden, in denen die Mitgliedsorganisationen von COMPITCH tätig sind, die Mitarbeit an dem Projekt ICBG-Maya verweigert (vgl. Henríquez 2000: 43). Im September 2000 fand in Mexico eine Konferenz unter dem Titel „Bioprospektion oder Biopiraterie? Biodiversität und die Rechte von Indigenen und Bauern"[126] statt (vgl. Pérez 2000a: 41). Zum Abschluss der Konferenz forderte COMPITCH auf einer Pressekonferenz ein Moratorium für das Projekt ICBG-Maya und alle sonstigen Bioprospektionsprojekte in Mexiko. Dieses Moratorium sollte so lange dauern, bis die Auswirkungen von Patenten auf die genetischen Ressourcen bzw. auf das traditionelle Wissen geklärt seien. Unterstützt wurde dieser Antrag von etwa 100 weiteren indigenen Organisationen aus Lateinamerika (vgl. Pérez 2000b: 41).

Obwohl es noch keine Abkommen zwischen einer Vertretung der indigenen Gemeinschaften und dem Projekt ICBG-Maya gab, wurden bereits in verschiedenen Regionen von Chiapas Proben gesammelt. Anfang 2000 veröffentlichte die Universität in Georgia in ihrem Report „Laboratories of Ethnobiology 1999-2000 Activities", dass bereits 5.961 Proben (mit je sieben Duplikaten) in den Gemeinden Chenalhó, Oxchuc, Tenejapa (in der Region Los Altos) und Las Margaritas (Region Fronteriza) gesammelt worden waren (vgl. RAFI 2000: 2f.). ECOSUR betonte, diese Proben seien nur zu wissenschaftlichen Zwecken und nicht mit kommerziellen Absichten gesammelt worden. COMPITCH entgegnete, es sei äußerst schwierig festzustellen, ob diese letztlich nicht doch irgendwann vermarktet würden. Und schließlich müssten auf jeden Fall die indigenen Gemeinden den Sammlungen zustimmen, was bis zu diesem Zeitpunkt noch nicht geschehen sei (vgl. RAFI 2000: 3). Daraufhin wurden im Juni 2000 von Vertretern des Projektes ICBG-Maya ca. 50 Einzelverträge mit Personen aus verschiedenen Gemeinden von Chiapas vorgelegt. Es handelte sich bei diesen Verträgen um vorgefertigte Formulare zwischen Einzelpersonen und ICBG-Maya, die dem Projekt das Recht zusprechen, Pflanzen- und Pilzsammlungen auf den Gebieten ihrer Gemeinden vorzunehmen. Nach COMPITCH sei allerdings nicht nachvollziehbar, ob diese Verträge vor oder nach dem Sammeln der oben genannten knapp 6.000 Proben unterschrieben wurden. Auch handele es sich bei keiner der Personen, die den Vertrag unterschrieben hatten, um offizielle Verhandlungspartner oder Vertreter indigener Gemeinden. Daher wurde von COMPITCH weiterhin die Beendigung von ICBG-Maya gefordert (vgl. RAFI 2000: 3).

Im September 2000 äußerte SEMARNAP, das Ministerium halte das Projekt ICBG-Maya für nicht weiter durchführbar (vgl. Pérez 2000c:

41). Im Oktober selbigen Jahres beschloss ECOSUR schließlich ein Moratorium für das Projekt (vgl. Herrera 2000: 3, 10). Das Moratorium sollte verhindern, dass weitere Proben aus den Gemeinden gesammelt werden, solange es zu keiner Klärung zwischen den ProjektbetreiberInnen und den indigenen Gemeinden gekommen sei. Auch forderte ECOSUR die Entwicklung einer Gesetzgebung, die die Prospektion von genetischen Ressourcen regelt, die in Regionen mit indigenen Gemeinschaften durchgeführt werden. Weiterhin sollten die indigenen Gemeinschaften von Chiapas eine Organisation gründen, mit denen ECOSUR offiziell in Verhandlungen über Bioprospektionsprojekte treten könne (vgl. ECOSUR 2000). Im Oktober 2001 beendete ECOSUR schließlich offiziell die Zusammenarbeit mit dem Programm ICBG-Maya und brach das Projekt vollständig ab. Trotz verschiedener Versuche, insbesondere der Universität von Georgia, das Projekt aufrechtzuerhalten, sah ECOSUR das Vertrauen der indigenen Gemeinschaften von Chiapas so ernsthaft beschädigt, dass es von einer Wiederaufnahme des Projektes Abstand nahm. Vielmehr sollte ein breiter Dialog zwischen den indigenen Gemeinden, der Regierung und akademischen Kreisen ins Leben gerufen werden, der die Grundlagen für eine Zusammenarbeit und ein Zusammendenken der verschiedenen Interessen bilden könnte (vgl. ECOSUR 2001).

4.3.2.5 Die Kritikpunkte von COMPITCH

Die Kritikpunkte von COMPITCH und anderen Organisationen, auf die in der Diskussion um die Patentierung von genetischen Ressourcen zurückgegriffen wird, verdienen eine eingehendere Betrachtung. Zum einen geht es um die Art und Weise, wie das Projekt durchgeführt wurde. Zum anderen geht es aber auch generell um die Aneignung und Patentierung von genetischen Ressourcen. Die Kritik an der Durchführung des Projektes lässt sich folgendermaßen zusammenfassen (vgl. COMPITCH et al. 2000: 21f.):

- Es hat zu keiner Zeit eine indigene Vertretung gegeben, die als Verhandlungspartner die Interessen der indigenen Gemeinschaften hätte vertreten können. So wurde der Vertrag zur Durchführung des Projektes ICBG-Maya zwar zwischen den drei Institutionen ECOSUR, der Universität von Georgia und MNL beschlossen, die eigentlichen Verhandlungspartner, die indigenen Gemeinden, wurden hierbei aber nicht gefragt und berücksichtigt.
- Die gesamte Information über das Bioprospektionsprojekt und alle gesammelten Proben befanden sich in den USA. Die indigenen Gemeinschaften hatten weder Zugriff auf die Informationen noch auf das gesammelte Material.

– Es hat weder eine vorher informierte Zustimmung (PIC) noch ein gegenseitiges Einverständnis (MAT) für dieses Projekt gegeben. Daher handelte es sich eindeutig um einen Verstoß gegen die CBD, Art. 8j (s. Kap. 2.6.3).

Auch der von dem Projekt ICBG-Maya angestrebte Vorteilsausgleich an die indigenen Gemeinden wurde von COMPITCH aus verschiedenen Gründen kritisiert. Nach ICBG-Maya sollten die Gemeinden 25% der Lizenzgebühren erhalten, die über die Patente auf bestimmte Gensequenzen erlangt würden. COMPITCH führte jedoch aus, dass die Gewinne aus den Lizenzgebühren eines pharmazeutischen Produkts nur etwa zwischen 0,5% und 2%, im Durchschnitt etwa 1% der Gesamtgewinne, ausmachen.[127] Das hätte bedeutet, dass ca. 99% der Gewinne, die sich aus der Kommerzialisierung von über Bioprospektion erhaltenen Pflanzen ergäben, an Pharmaunternehmen gingen und die indigenen Gemeinden 0,25% bekämen. Des Weiteren würden diese 0,25% auch nicht direkt an die Gemeinden gehen, sondern an die Organisation PROMAYA, die nicht gegründet wurde. Schließlich hatten nur diejenigen Gemeinden das Recht auf den Erhalt dieser Entwicklungshilfe, die den Vertrag mit ICBG-Maya abgeschlossen hatten. Bei etwa 50 Verträgen hätten die anderen 1176 Gemeinden, die sich in dem Bezirk Los Altos befinden, in dem drei der vier Bioprospektionsprojekte durchgeführt wurden, keinen Ausgleich bekommen. Auch die etwa 7519 Gemeinden aus den angrenzenden Bezirken wären leer ausgegangen, obwohl der Erhalt bestimmter Pflanzen und das traditionelle Wissen von vielen Gemeinden geteilt und nicht auf die 50 vertraglich festgelegten Personen beschränkt werden könnte (vgl. COMPITCH et al. 2000: 22f.).

Völlig unklar für die indigenen Gemeinden oder Organisationen wie COMPITCH ist, wie sich letztlich Patente auf deren Lebensumstände auswirken werden. ICBG-Maya erklärte in seinen ethischen Grundsätzen, das Projekt würde keine Handlungen durchführen, die die Gemeinden in dem Gebrauch ihrer Medizinalpflanzen und das Wissen um diese beschränken könnten (vgl. ICBG-Maya o.J.: 24). Nach RAFI (2000: 5) dürfte es demzufolge aber keine Patente auf die Medizinalpflanzen oder Teile von ihnen geben. Denn sobald ein Patent erworben würde, könnte der Eigner oder die Eignerin des Patentes den Verkauf bestimmter Produkte unterbinden oder Lizenzen verlangen. Probleme würde dann z.B. auch OMIECH bekommen, da diese, wie bereits erwähnt, das alte Heilwissen wieder aufarbeitet und auf dieser Grundlage Medikamente erstellt. Nach COMPITCH seien die genetischen Ressourcen und das Wissen um diese immer ein Kollektivgut gewesen, dass allen zur Verfügung stand. Die privatrechtliche Aneignung dieser Ressourcen widerspricht diesen Grundsätzen und der traditionellen Kultur und könnte zu Konflikten unter den Gemeinden führen. Da die Menschen sehr arm seien, gäbe es immer einige, die für wenig Geld mit Bioprospektionsprojekten zusammenarbeiten würden, was unweigerlich zu Ungleichheiten und Streitereien führen würde (COMPITCH 2000: 19).

Eine weitere, grundlegende Kritik der indigenen Gemeinden ist, dass zu keinem Zeitpunkt eine glaubhaftes Interesse des Projektes ICBG-Maya an einer gleichberechtigten Zusammenarbeit bestand. Die Kreation der Organisation PROMAYA spiegele das in deutlicher Weise wider, da die anderen drei Institutionen des Projektes quasi ihren Verhandlungspartner selbst kreiert hätten. Die indigenen Gemeinschaften wurden nicht gefragt, wie sie sich ihre Vertretung vorstellen würden. „The creation of this NGO by the project [ICBG] clearly demonstrate the lack of will of the researchers to ensure appropriate consultation with the traditional cultures and true authorities of the communities. In essence, they create their own dialogue partner" (RAFI 1999: 3). Der Schritt, ein Moratorium für das Projekt ICBG-Maya zu fordern, sollte die Möglichkeit eröffnen, eine breite gesellschaftliche Diskussion zu führen, wie genetische Ressourcen und das Wissen um diese genutzt werden könnten und wie aus dieser Nutzung ein gesamtgesellschaftlicher Nutzen zu entwickeln sei. So konstatiert Dr. Antonio Perez Mendez, Doktor der indigenen Medizin und Vorsitzender von COMPITCH:

„The definitive cancellation of the ICBG-Maya project is important for all indigenous peoples in Mexico. Indigenous communities are asking for a moratorium on all biopiracy projects in Mexico, so that we can discuss, understand and propose our own alternative approaches to using our resources and knowledge. We want to insure that no one can patent these resources and that the benefits are shared by all" (Perez Mendez, zit. n. ETC 2001a).

Und Rafael Alarcón, Arzt und Berater von COMPITCH, führt aus:

„We see the cancellation of the ICBG-Maya as a victory, but we also realize that we must develop capacity to respond with our own economic alternatives. If not, we will continue to see foreign projects which seek to privatize our resources and knowledge." (Alarcón zit. n. ETC 2001a).

4.3.3 Nachbaugebühren in Deutschland

Als drittes Fallbeispiel zur Aneignung genetischer Ressourcen eignet sich der Konflikt um den Nachbau zertifizierten Saatguts und der Nachbaugebühren in Deutschland. Als Nachbau wird nach der gesetzlichen Regelung (§10 a Abs. 2 SortG) die Verwendung von Erntegut als Vermehrungsmaterial bezeichnet, das durch den Anbau von Vermehrungsmaterial geschützter Sorten im eigenen Betrieb gewonnen wurde. Der Konflikt entstand durch die Umsetzung des EU-Sortenschutzrechts in deutsches Recht. Das EU-Sortenschutzrecht ist 1994 an die UPOV-Akte 1991 angepasst worden. Diese Neuerungen auf EU-Ebene wurden 1997 in das deutsche Sortenschutzgesetz übernommen. Am Beispiel der Umsetzung der UPOV-Konvention in europäisches und damit auch deutsches Recht soll der Konflikt in Deutschland aufgezeigt werden. Es besteht ein Unterschied zwischen Patenten auf PGR und Sortenschutz. Durch die UPOV-Akte 1991 hat sich die Divergenz allerdings verringert. Letztlich findet auch über den Sortenschutz in Form des neuen deutschen Sortenschutzgesetzes von 1997 eine Aneignung von PGR statt.

4.3.3.1 Das deutsche Sortenschutzgesetz

Bezüglich des Konflikts um die Nachbaugebühren sind im Besonderen §10 und §10a SortenschutzG interessant. Im §10 *Wirkung des Sortenschutzes* wird festgelegt, dass allein die SortenschutzinhaberInnen dazu berechtigt sind, Vermehrungsmaterial der geschützten Sorte zu erzeugen, für Vermehrungszwecke aufzubereiten, in den Verkehr zu bringen, ein- oder auszuführen oder für die genannten Zwecke aufzubewahren (vgl. Rutz 2002: 85). Der Paragraph §10a *Beschränkung der Wirkung des Sortenschutzes* beschränkt die Wirkung des Sortenschutzes insofern, als den LandwirtInnen gestattet wird, Erntegut bestimmter Sorten (siehe Tab. 14), die im eigenen Betrieb gewonnen wurden, für den Nachbau wiederzuverwenden. LandwirtInnen, die von der Möglichkeit des Nachbaus Gebrauch machen, sind nach §10a (3) SortenschutzG zur Zahlung eines angemessenen Entgelts an die InhaberInnen des Sortenschutzes verpflichtet. Hierbei gilt ein Entgelt als angemessen, wenn es deutlich niedriger ist als der Betrag, der im selben Gebiet für die Erzeugung von Vermehrungsmaterial derselben Sorte vereinbart ist. LandwirtInnen mit einer Getreideanbaufläche von weniger als 17 Hektar und einer Kartoffelanbaufläche von weniger als fünf Hektar sind von der Zahlungspflicht ausgenommen (Art. 10a (5) des deutschen Sortenschutzgesetzes). Für alle LandwirtInnen gilt allerdings die Informationspflicht über den Umfang des Nachbaus (Art. 10a (6) des deutschen Sortenschutzgesetzes). Dies gilt auch für die von die Bauern beauftragten Aufbereiter des Saatguts (vgl. Rutz 2002: 86). Durch dieses Entgelt, im Folgenden „Nachbaugebühr" genannt, werden LandwirtInnen dazu verpflichtet, nicht nur die beim Kauf des Saatguts anfallende Gebühr an die ZüchterInnen zu zahlen, sondern bei jeder weiteren Aussaat des aus diesem Saatgut gewonnen Saatguts. Der Sortenschutz dauert nach §13 SortenschutzG bis zum Ende des fünfundzwanzigsten, bei z.B. Kartoffel (Solanum tuberosum L.), und Baumarten bis zum Ende des dreißigsten auf die Erteilung der Genehmigung folgenden Kalenderjahres.

4.3.3.2 Der Konflikt um die Nachbaugebühren

In der Öffentlichkeit und auch von den meisten LandwirtInnen wurde die Implementierung des deutschen Sortenschutzgesetzes anfangs kaum wahrgenommen. Bis März 1997 war es den LandwirtInnen möglich, kostenfrei Saat- und Pflanzgut nachzubauen, d.h. Erntegut, das im eigenen Betrieb erwachsen war, dort wieder einzusetzen.

Tab. 14: Nutzpflanzenarten, die nach deutschem Sortenschutzgesetz zur Vermehrung gegen Gebühr nachgebaut werden dürfen

1. Getreide	
1.1 Avena sativa L.	Hafer
1.2 Hordeum vulgare L. s.l.	Gerste
1.3 Secale cereale L.	Roggen
1.4 x Triticosecale Wittm.	Triticale
1.5 Triticum aestivum L. emend. Fiori et Paol.	Weichweizen
1.6 Triticum durum Desf.	Hartweizen
1.7 Triticum spelta L.	Spelz (Dinkel)
2. Futterpflanzen	
2.1 Lupinus luteus L.	Gelbe Lupine
2.2 Medicago sativa L.	Blaue Luzerne
2.3 Pisum sativum L. (partim)	Futtererbse
2.4 Trifolium alexandrinum L.	Alexandriner Klee
2.5 Trifolium resupinatum L.	Persischer Klee
2.6 Vicia faba L. (partim)	Ackerbohne
2.7 Vicia sativa L.	Saatwicke
3. Öl- und Faserpflanzen	
3.1 Brassica napus L. (partim)	Raps
3.2 Brassica rapa L. var. silvestris (Lam.) Briggs	Rüben
3.3 Linum usitatissimum L.	Lein, außer Faserlein
4. Kartoffel	
4.1 Solanum tuberosum L.	Kartoffel

Quelle: transpatent.com/gesetze/sortschg.html

Dieses Recht basierte auf dem Farmers' Rights Privileg (vgl. Kap. 2.6.2). Der Nachbau von Hochleistungssaatgut ist zehn- bis zwanzigmal möglich, allerdings mit stark abnehmenden Erträgen, weil Hochleistungssaatgut durch Nachbau an Kraft verliert.[128] Seit der Herbstaussaat 1997 bei Wintergetreide bzw. mit der Frühjahrsbestellung 1998 bei Sommergetreide werden jedoch bei Kartoffeln sowie Leguminosen auf die Verwendung von Nachbausaatgut geschützter Sorten Nachbaugebühren von den ZüchterInnen erhoben. Der *Bund Deutscher Pflanzenzüchter* (BDP) tritt als Interessenvertretung der ZüchterInnen auf. Dieser beauftragte Mitte der 1990er Jahre die *Saatgut-Treuhand Verwaltungs GmbH* (STV), als Melde- und Gebühreneinzugszentrale zur Erhebung der Nachbaugebühren zu fungieren. Ab Ende 1997 wurden von der STV Erhebungsbögen an insgesamt etwa 200.000 landwirtschaftliche Betriebe verschickt. In den Erhebungsbögen sollten die LandwirtInnen Angaben über den Umfang ihrer Landwirtschaft machen, also darüber, wie viel Hektar sie mit welchem Saatgut bebauen und welches zertifizierte Saatgut sie zuletzt verwendet haben (vgl. BDP 2000). Sowohl die Nachbaugebühren als auch die Auskunftspflicht der LandwirtInnen wurde mit der Rechtslage begründet, die sich aus der Umsetzung des deutschen Sortenschutzgesetzes ergibt.

Bei der Ausformulierung des Sortenschutzgesetzes waren vor allem der BDP und der *Deutsche Bauernverband* (DBV) einbezogen. Diese entwickelten das Kooperationsmodell „Landwirtschaft und Pflanzenzüchtung" (Kooperationsabkommen), das 1996 von den beiden Verbänden unterzeichnet wurde. Da beide Verbände darin übereinstimmten, dass die Verwendung von zertifiziertem Saat- und

Tab. 15: Kooperationsmodell zwischen BDP und DBV – Lizenzgebühren-Rabatt und Nachbaugebührensätze für Getreide, Leguminosen und Kartoffeln

Saatgutwechsel [%]	Lizenz-gebührenrabatt [%]	Nachbaugebührensatz für Getreide und Leguminosen [%]	Nachbaugebührensatz für Kartoffeln [%]
mehr als 80	10	0	0
mehr als 60	0	0	50
mehr als 40	0	30	50
mehr als 20	0	50	50
0-20	0	80	50

Quelle: Schievelbein 2000: 147

Pflanzgut (Z-Saatgut) zu fördern ist, wurde die Höhe der Nachbau-gebühren vom Umfang des im Betrieb praktizierten Saat- und Pflanz-gutwechsels abhängig gemacht. Durch ein System von gestaffelten Gebühren in Kombination mit einem Rabattsystem auf die Lizenz-gebühren für zertifiziertes Saatgut sollten diejenigen Landwirte be-lohnt werden, die einen hohen Anteil an Z-Saat-/Pflanzgut einset-zen (siehe Tab. 15).

Das Kooperationsmodell sieht je nach prozentualem Anteil des Saatgutwechsels einen gestaffelten Nachbaugebührensatz vor. Wenn die Bäuerin z.B. 10% ihres Saatguts neu einkauft, also 90% nach-baut, muss sie auf diese 90% einen Gebührensatz von 80% (bei Getreide und Leguminosen) oder 50% (bei Kartoffeln) von der normalerweise anfallenden Züchterlizenz[129] zahlen. Wenn sie aller-dings mehr als 60% neues Saatgut kauft, fallen keine Gebühren an. Ab über 80% Saatgutzukauf wird ihr ein Rabatt von 10% gewährt. Bei Kartoffeln wird immer eine Nachbaugebühr von 50% verlangt, wenn der Neukauf nicht mehr als 80% beträgt.[130]

Ende 1998 gründete sich im Rahmen der Mitgliederversammlung der *Arbeitsgemeinschaft bäuerliche Landwirtschaft* (AbL) die *Inter-essengemeinschaft gegen die Nachbaugebühren und Nachbaugesetze* (IG). Auch gründeten sich regional verschiedene Gruppen von LandwirtInnen, um sich gegen die Nachbaugebühren und die Aus-kunftspflicht §10a (6) zu wehren. Folgende Kritikpunkte wurden von der IG geäußert (vgl. Schievelbein 2000: 148):

- Verstoß gegen das Bestimmtheitsgebot. Gesetze müssen in In-halt, Zweck und Ausmaß der erteilten Ermächtigung hinreichend bestimmt sein. Vielen LandwirtInnen ist der Umfang der Aus-kunftspflicht und die Gebührenhöhe unklar.
- Durch die Nachbaugebühren entstehen finanzielle Belastungen, die unter Umständen wettbewerbsverzerrend oder existenzbe-drohend sein können.
- Es gibt datenschutzrechtliche Bedenken. Es drohe der „gläserne Landwirt".

Von den ca. 200.000 von der STV angeschriebenen Betrieben ant-worteten ca. 133.000. Bundesweit wird von insgesamt etwa 500.000 landwirtschaftlichen Betrieben ausgegangen, was bedeutet, dass bis zu diesem Zeitpunkt etwa 367.000 Höfe noch nicht erfasst wurden (vgl. Schievelbein 2000: 150). Anfang 1999 bekamen die ersten LandwirtInnen Ladungen vor Landgerichte, da sie von der STV auf Erfüllung ihrer Auskunftspflicht verklagt worden waren. Im Spät-sommer 2000 startete die STV eine Klagewelle in den Bundeslän-dern, in denen Landgerichte bereits zu ihren Gunsten geurteilt hat-ten. Besonders viel Arbeit kam auf das Gericht in München zu, über tausend LandwirtInnen erhielten eine Klageschrift der STV. Insgesamt liefen bis November 2000 gegen mehr als 2500 Landwirte Gerichtsverfahren auf allen gerichtlichen Ebenen, von Landgerichten (LG) über den Bundesgerichtshof (BGH) in Karlsruhe bis zum Europäischen Gerichtshof (EuGH) in Brüssel (vgl. Bauernstimme 2000: 5). Einige dieser gerichtlichen Entscheidungen werden im Folgenden exemplarisch aufgeführt.

Im Mai 1999 standen erstmals deutsche Bauern vor Gericht, die aus Sicht der STV gegen die Auskunftspflicht des SortenschutzG (§10 (6)) verstoßen hatten. Klägerin war die STV als Interessenvertretung der SaatgutzüchterInnen. In diesem Verfahren ging es nicht um die Nachbauregelung selbst, sondern um die Frage, ob die Treuhandgesellschaft von den Bauern Auskunft darüber einfordern darf, welches Saatgut auf welcher Fläche gesät wurde (vgl. agrar.de 1999a). Im Juli 1999 entschied das Landgericht in Mannheim gegen die beklagten Bauern. Das Gericht stellte fest, dass die Landwirte grundsätzlich zur Auskunft über den Umfang ihres Nachbaus verpflichtet seien. Im September 1999 bestätigte das Landgericht Düsseldorf diese Entscheidung. Der Auskunftsanspruch, den die Saatgut Treuhand Verwaltungs GmbH (STV) in Sachen Nachbaugebühren gegenüber LandwirtInnen und Bauern geltend machte, wurde im Wesentlichen anerkannt (vgl. agrar.de 1999c).[131]

In einem anderen Fall urteilte das Landgericht in Braunschweig im Februar 2000, im Gegensatz zu dem Mannheimer und Düsseldorfer Urteil, dass die angeklagten Bauern der Treuhandverwaltung keine pauschalen Auskünfte über ihre Ackerfrüchte geben müssten. Nach Auffassung des Landgerichts in Braunschweig besteht ein Unterschied zwischen der EU-Verordnung zum Sortenschutz und der deutschen Sortenschutzregelung. Im deutschen Sortenschutzgesetz sei bewusst die weitreichende Auskunftspflicht der EU-Verordnung nicht übernommen worden. Die Braunschweiger Richter machten also bezüglich der Nachbauauskunft einen Unterschied zwischen national und auf EU-Ebene geschützten Sorten.[132] Für national geschützte Sorten müssten demnach die ZüchterInnen nachweisen, dass der jeweilige landwirtschaftliche Betrieb ihre geschützten Sorten nachbaut. Erst dann könnten sie Auskunft verlangen (vgl. agrar.de 2000a).[133] Mitte 2000 wies das Oberlandesgericht in Braunschweig die Berufung der STV zurück und bestätigte das Urteil des Braunschweiger Landgerichtes, dass sich, entgegen der Auffassung der Klägerin (STV), der Auskunftsanspruch nicht auf alle Landwirte erstreckt, denen vom Gesetz die theoretische Möglichkeit des Nachbaus eingeräumt wird. Einige Wochen später urteilte das Oberlandesgericht in Frankfurt, die Frage der Auskunftspflicht eines hessischen Bauern müsse an den EuGH weitergeleitet werden, da es sich nicht in der Lage sehe, die Fragen rund um die Auskunftspflicht eindeutig zu beantworten. Der EuGH solle klären, ob die EU eine allgemeine Auskunftspflicht der LandwirtInnen und Bauern in ihrer Verordnung festschreiben wollte oder nicht.[134] Ende des Jahres 2000 standen über 2.500 LandwirtInnen vor Gericht, die von der STV verklagt wurden (vgl. agrar.de 2000c). Die Interessengemeinschaft gegen Nachbaugebühren forderte die Führungsspitzen von BDP und DBV auf, keine neuen Klagen einzuleiten und ein Moratorium für alle laufenden Gerichtsverfahren zu beschließen (vgl. agrar.de 2000d).

Anfang 2001 verurteilte das Landgericht Hamburg als erstes deutsches Gericht einen Bauern auf Zahlung der Nachbaugebühren, nachdem dieser zwar das Kooperationsabkommen unterschrieben, sich aber geweigert hatte, zu zahlen. Das Landgericht Düsseldorf entschied im Mai 2001 80% Nachbaugebühren seien angemessen (BDP 2001b, agranet 2001). Zur selben Zeit wurde in Frankfurt ein Bauer angeklagt, zu wenig Nachbaugebühren gezahlt zu haben. Dieser hatte das Kooperationsabkommen nicht unterschrieben und 50% der Z-Lizenzen als Nachbaugebühren überwiesen. Von der STV wurden aber 80% der Z-Lizenzen verlangt. Der Bauer hatte sich auf die EU-Sortenschutzverordnung bezogen, die Ende 1998 ein weiteres Mal verändert worden war. In der Änderung war festgelegt worden, dass eine Nachbaugebühr bei höchstens 50% liegen sollte. Dies gelte allerdings nur dann, wenn nicht bereits nationale Vereinbarungen zwischen Vereinigungen von ZüchterInnen und Landwirten abgeschlossen wurden. Das Kooperationsabkommen zwischen BDP und DBV stellte die LandwirtInnen demnach schlechter, als dies von der EU-Regelung vorgeschlagen worden war. Schließlich urteilte das Landgericht Frankfurt, dass 50 % der Z-Lizenzen als Nachbaugebühr rechtens seien (vgl. Lambke 2003: 75).

Im April 2001 befand das Landgericht Braunschweig, es gebe schwere kartellrechtliche Bedenken gegenüber der Daten- und Gebührenerhebung der STV und leitete einen Gebührenfall an die Kartellrechtskammer des Landgerichtes in Hannover weiter. Dieses entschied schließlich, das Kooperationsabkommen sei „wettbewerbsrechtlich unzulässig", da eine „verbotene horizontale Vereinigung unter Wettbewerbern" (vgl. Lambke 2003: 75f.) festzustellen sei. Dadurch könnten die LandwirtInnen nicht mehr von einem Wettbewerb zwischen den ZüchterInnen profitieren. Auch die höchste deutsche Wettbewerbsbehörde, das Bundeskartellamt, bestätigte, dass sie das Vorgehen der STV für kartellrechtswidrig halte, und forderte die STV auf, Konsequenzen daraus zu ziehen.[135]

Mitte des Jahres 2001 urteilte das Landgericht Düsseldorf, dass alle bei ihm anhängigen Auskunftsverfahren auszusetzen und keine neuen mehr beim Landgericht Düsseldorf zuzulassen seien, bis der EuGH seine Entscheidung getroffen habe. Im November 2001 entschied der Bundesgerichtshof in Karlsruhe, es gebe keine generelle Auskunftspflicht der LandwirtInnen an die STV bezüglich des verwendeten Saatguts und des Umfangs des Nachbaus, wenn es sich um nationale Sorten handle (vgl. BGH-Urteil vom 13. Nov. 2001 – X ZR 134/00, zit. n. agrar.de 2001a).[136] Es muss dem jeweiligen bäuerlichen Betrieb also zunächst nachgewiesen werden, dass Nachbau betrieben wird. Erst dann besteht Anspruch auf Auskunft über den Umfang des Nachbaus (vgl. agrar.de 2001a; BDP 2001d).

Im März 2002 begann das Verfahren vor dem EuGH, das vom Oberlandesgericht (OLG) Frankfurt dem Europäischen Gerichtshof vorgelegt worden war, und einige Monate später ein Parallelverfahren, das vom OLG Düsseldorf ebenfalls zur Vorabentscheidung an den EuGH verwiesen worden war. Der EuGH hatte nun darüber zu entscheiden, ob ein Landwirt ohne weiteres zur Auskunft über die Menge an Nachbau verpflichtet ist. Im März 2002 vertrat der Generalanwalt des Europäischen Gerichtshofes die Ansicht, die STV dürfe die Informationen über den Umfang des Nachbaus nur von LandwirtInnen einholen, die auch zertifiziertes Saatgut der betreffenden Sorte gekauft hätten, und bestätigte auch für EU-geschützte Sorten prinzipiell die Linie, die bereits vom BGH verfolgt worden war (vgl. agranet 2002a; agrar.de 2002a). Im April 2003 entschied der EuGH schließlich, dass eine generelle Auskunftspflicht außer Verhältnis zum Schutzzweck der Verordnungen steht. Allerdings könnten die ZüchterInnen von den LandwirtInnen Auskünfte verlangen, wenn es Anhaltspunkte dafür gebe, dass diese bei geschütztem Saatgut Nachbau betrieben (vgl. agrar.de 2003a; Reicherzer 2003: 20). Georg Janßen, IGN-Geschäftsführer: „Nachdem die Richter in Luxemburg den Pflanzenzüchtern, aber auch dem Bauernverband ... eine schallende Ohrfeige erteilt haben, wird man sich erneut an einen Tisch setzen müssen, um nach Lösungen zu suchen. (...) Grundvoraussetzung ist und bleibt, dass die Ausforschung und Kontrolle der Bäuerinnen und Bauern, die die Züchter auch jetzt immer noch weiter betreiben, endlich aufhören muss!" (zit. n. Schievelbein 2003). Dennoch und trotz der Forderungen vieler LandwirtInnen, die laufenden Prozesse auszusetzen, führt die STV weiterhin ihre Prozesse gegen nicht auskunftswillige LandwirtInnen fort. Im Dezember 2002 wurde eine weitere „Prozesswelle" von der STV gegen auskunftsunwillige LandwirtInnen gestartet. Gleichzeitig entwickelten der BDP und der DBV ein Konzept, das als Alternative zum bestehenden Kooperationsab-

kommen gelten soll, die „Vereinbarung zur Zukunftssicherung Ackerbau" (vgl. agranet.de 2002b; agrar.de 2002d).[137] Diese wurde inzwischen weiter verändert und heißt nun „Rahmenreglung Saat- und
Pflanzgut" (agrar.de 2003b).

4.3.3.3 Nachbau vs. Sortenschutz – die Reorganisation des Saatgutmarktes

In diesem Fallbeispiel stehen sich zwei Positionen gegenüber, die
im Folgenden spezifiziert werden. Auf der einen Seite gibt es die
ZüchterInnen, die „ihre" Sorten schützen wollen. Sie haben Arbeit
für die Entwicklung dieser Sorten geleistet und wollen diese honoriert und monetarisiert sehen. Die Erfolge der Züchtung lagen vor
allem in einer erhöhten Ertragssteigerung. In Frankreich beispielsweise
ist der Weizenertrag von 1,3 t/ha im Jahr 1910 auf heute 7 t/ha
angestiegen. In Indien von 0,8 t/ha 1960 auf 2,6 t/ha im Jahr 2000.
In den USA ist es in 60 Jahren (1940-2000) sogar zu einer Ertragssteigerung beim Mais von vormals 1,8 t/ha auf 8,5 t/ha gekommen.
Anzumerken ist allerdings, dass diese Ertragssteigerung nur zu 30-
60%, je nach Art und Standort, Züchtungserfolgen zuzuschreiben
und der größte Teil zumeist auf das Einarbeiten von Chemikalien
und Dünger zurückzuführen ist (vgl. ISF 2002: 4f.). Das Problem,
mit dem die ZüchterInnen konfrontiert sind, ist die Möglichkeit für
die LandwirtInnen, das einmal gekaufte Saatgut wieder auszusäen,
indem sie einen Teil der Ernte zurückbehalten wird (vgl. 3.1.2.1).[138]
Nachbau wird von den LandwirtInnen aus verschiedenen Gründen
betrieben. Mit der wichtigste Grund sind die Kosten, die sich durch
Nachbau einsparen lassen (die Kosten für den Saatgutneukauf sind
in der Regel höher als die Lagerungs- und Aufarbeitungskosten).
Normalerweise erzielen die LandwirtInnen durch den Nachbau
allerdings geringere Erträge als bei neugekauftem Saatgut. Es wird in
der Regel dann Saatgut nachgekauft, wenn die Steigerung der Erträge durch den Neukauf die Kosten für den Neukauf übertreffen, so
dass sich ein Gewinn ergibt. Führt das neue Saatgut, im Vergleich zu
nachgebautem Saatgut, nur zu einer geringen Steigerung der Erträge, werden die LandwirtInnen normalerweise nicht neues Saatgut
kaufen (Bauer 1993: 15).

Durch den zusätzlichen Kostenfaktor der Nachbaugebühren wird
der Gewinn bei Nachbau des Saatguts geschmälert (NBa > NBb),
während der Gewinn bei Saatgut-Neukauf gleich bleibt. Die Kosten-
kalkulation der LandwirtInnen verschiebt sich zugunsten des Neu-
kaufs von Saatgut. So auch Eva Hetzel, Sprecherin des BDP (zit. n.
Griesel 2000): „Unser Ziel sind nicht die Einnahmen durch die

Nachbaugebühren, sondern den Verkauf des zertifizierten Saatgutes zu fördern." Die flächenbezogene, gestaffelte Gebühr wurde so ausgestaltet, dass sie als ökonomisches Instrument greift und LandwirtInnen mit hohem Saat- oder Pflanzgutwechsel entlastet und Betriebe mit einem niedrigen Saat- oder Pflanzgutwechsel höher belastet. So muss bei Einsatz von 60 bis 80 Prozent Z-Saatgut eine Kartoffelbäuerin für den verbleibenden Nachbau je nach Z-Lizenzhöhe etwa 15 Euro je Hektar an den Züchter zahlen. Setzt sie aber gar keines oder nur bis 20 Prozent neues Saatgut ein, werden für den Nachbau etwa 50 Euro je Hektar fällig. Ähnlich sieht es bei Getreide aus. Wer höchstens 20 Prozent Z-Saatgut verwendet, zahlt etwa fünf Euro je Hektar für den Nachbau, wer 40 bis 60 Prozent zertifiziertes Saatgut einsetzt, zahlt nur etwa 3 Euro je Hektar. Die Gesamteinnahmen der ZüchterInnen durch Nachbaugebühren beliefen sich zur Ernte 1999 auf insgesamt 13,6 Mio. Mark[139] (BDP 2001a; BDP o.J.).

Die LandwirtInnen haben eine andere Position zu den Nachbaugebühren. Viele nutzen das optimierte und zertifizierte Saatgut, wollen aber gleichzeitig ihre Freiheit behalten, je nach angebotenem Saatgut und ökonomischen Möglichkeiten keinen oder nur in einem begrenztem Umfang Saatgutwechsel zu betreiben. In den Industrieländern hat sich der jährliche Neukauf von Saatgut immer stärker durchgesetzt, seit die Züchtungsarbeit an landwirtschaftlichen Kulturpflanzen sich von den LandwirtInnen weg hin zu den kommerziellen Pflanzenzuchtunternehmen verschoben hat. Allerdings ist seit Anfang der 1990er Jahre ein Trend zurück zum Nachbau festzustellen, da seit dieser Zeit die Erzeugerpreise immer weiter absinken. Der Nachbauanteil liegt in der Bundesrepublik Deutschland bei etwa 50%[140], in manchen Regionen kann er aber auch bis zu 80% betragen (vgl. Schievelbein 2000: 146). In Frankreich beispielsweise, wo der Anteil an nachgebauten Saatgut traditionellerweise höher ist als in Deutschland, wurde durch breite Proteste die Einführung der Nachbaugebühren verhindert (vgl. Schievelbein 2000: 148).

Aus Sicht der LandwirtInnen zahlen und honorieren diese die Arbeit und Leistung der ZüchterInnen bereits beim Kauf des Saatguts (Saatgutpreis und Z-Lizenz). Auch gehören die LandwirtInnen zu den GeringverdienerInnen in der BRD, mit einer Tendenz zu weiter sinkenden Einkommen (vgl. agrar.de 2002f). Gleichzeitig sind sie mit einem Saatgutmarkt konfrontiert, dessen Gewinne seit 30 Jahren kontinuierlich ansteigen. Wenn sie einen Teil ihrer Ernte aber im nächsten Jahr wieder aussäen, so führen sie, nach ihrer Sicht, die Jahrhunderte lange Auslese und Aussaat fort, die überhaupt erst, in Form der durch die traditionelle Züchtung entstandenen Landsorten, die Grundlagen für die Zuchtsorten der ZüchterInnen geliefert hat (vgl. Schievelbein 2000: 149). Spätestens nach einigen Jahren stelle sich die Frage, wie sehr die nachgebauten Sorten noch mit dem ursprünglichen Saatgut übereinstimmen. Besonders, wenn die Land-wirtInnen, wie das beispielsweise bei der biologischen Landwirtschaft häufig der Fall ist, bewusst in den Prozess der Saatgutselektion ein-greifen, finde eine Weiterzüchtung statt. So führt die IG in einer Presseerklärung aus (2002): „Seit es Ackerbau gibt, haben Bauern Pflanzen angebaut, sie veredelt und verbessert, also Pflanzen gezüch-tet." Ziel der IG ist es, das Recht auf Nachbau wieder uneingeschränkt herzustellen. Als Reaktion auf die Nachbaugebühren und die Aus-kunftspflicht der LandwirtInnen über einen Fragebogen, konstatiert Patentanwalt Wilhelms, der die IG juristisch berät (zit. n. Griesel 2000): „Jeder Landwirt, der diesen Bogen ausgefüllt zurücksendet, macht sich zum Großknecht der Agrarindustrie."

Es stehen sich also zwei Positionen gegenüber, die beide die zugrunde liegenden, sich widersprechenden Interessen reflektieren. Interessant ist weniger die Legitimität, basierend auf ethischen Beweg-gründen, noch die Legalität, im Sinne von juristisch korrekten Argu-mentationen. Hier ließen sich viele Argumente für beide Seiten fin-den. Die Nachbaugebühren in Europa sind, jedenfalls nach bisheri-ger Rechtsprechung, rechtens. Interessant sind hier vielmehr zwei Fragen: Wie wirkt sich die durch Nachbaugebühren auf lange Sicht erfolgende Aneignung und Monopolisierung des Saatguts auf die Agro-biodiversität aus? Und was folgt aus der immer weiter voranschrei-tenden Kommerzialisierung und Kapitalisierung des Saatgutmarkts?

5. Patentrecht und Schutz von Biodiversität

In diesem Kapitel werden die Konflikte um die Aneignung der genetischen Ressourcen über geistige Eigentumsrechte diskutiert und analysiert. Eine besondere Rolle spielen hierbei die Traditional Knowledges (TKs), auf die gesondert eingegangen wird.

5.1 Akteurskonstellationen und Machtverhältnisse

Im Folgenden werden die Machtverhältnisse zwischen verschiedenen Akteursgruppen, die in die Konflikte um die Aneignung von genetischen Ressourcen involviert sind, analysiert.

a) Place based acteurs: LandwirtInnen und indigene Völker
Traditionelle LandwirtInnen in Indien, indigene Völker in Chiapas und LandwirtInnen in Deutschland sind drei sehr verschiedene Akteursgruppen. Wichtig ist, dass alle drei Gruppen zu den *place based acteurs* zählen, deren spezifische *gesellschaftliche Naturverhältnisse* zu einem Umgang mit der Natur geführt haben, der zu einer Erhöhung oder wenigstens zu einem Erhalt der Biodiversität beitrug: Bei dem Konflikt um den Neembaum hat diese nachhaltige Nutzung dazu geführt, dass es zu einer weiten Verbreitung dieses Baumes auch in anderen Ländern gekommen ist. Im Beispiel „ICBG-Maya" haben die indigenen Gemeinschaften durch extensive Nutzung der Heilpflanzen und durch die Weitergabe des Wissens über diese Pflanzen zu einem Erhalt dieser Heilpflanzen beigetragen. Und die LandwirtInnen in Deutschland führen heutzutage zwar nicht unbedingt die traditionellen Anbau- und Auslesemethoden fort, doch die Generationen von LandwirtInnen vor ihnen sind direkt verantwortlich für eine Vielfältigkeit an Kulturpflanzen, auf die dann die ZüchterInnen zurückgreifen konnten, um die modernen Pflanzensorten zu entwickeln.

Im Vergleich zu den TNCs bzw. der Saatgutindustrie haben diese Akteure weniger Möglichkeiten, ihre Interessen durchzusetzen. Bei indigenen Völkern ist die Situation insofern noch brisanter, als diese in Nationalstaaten leben, die ihnen historisch „übergestülpt" worden sind. Die Geschichte dieser Akteure ist geprägt von Ausbeutung und Marginalisierung in politischer, kultureller wie territorialer Hinsicht (vgl. Kuppe 2002: 120ff.). Durch die neue Bedeutung der genetischen Ressourcen und des traditionellen Wissens um diese Ressourcen erfahren traditionelle Akteure erstmals eine Aufwertung. Interessanterweise wenden sich gerade die wirtschaftlich modernsten und innovativsten gesellschaftlichen Kräfte, in Form eines Teiles der Leitwissenschaften, an diese marginalisierten Gruppen. Modernste Wissenschaft ist auf traditionelles Wissen angewiesen, um neue Medikamente herzustellen und die Basis des Hochleistungssaatguts zu sichern. Die Frage ist also, ob aus dieser Aufwertung traditionellen Wissens auch ein Verhandlungspotential für die Akteure erwächst, die dieses Wissen bewahrt haben und weiterhin an Umweltveränderungen anpassen und optimieren. Aus dem extralokalen Anliegen der TNCs könnte so eine lokale Stärkung der indigenen Völker entstehen.

b) Life Sciences Unternehmen

In den letzten Jahren ist es zu einer Machtkonzentration im Pharmawie im Agrobusiness gekommen. So wird von der NGO ETC (2001c: 2) angenommen: „Concentration in corporate power is perhaps the defining feature of the global economy at the dawn of the new millennium." Nach einer Studie von Anderson und Cavanagh (2000) sind 51 der 100 größten Wirtschaftseinheiten der Welt TNCs und nur 49 Nationalstaaten. Diese TNCs sind gleichzeitig in unterschiedlichen Marktsparten aktiv. Im Hinblick auf den Zusammenhang zwischen Unternehmen mit Biotechnologie stellt Seiler (1999: 50) fest,

„daß die wirkungsmächtigste Technologie, die es jemals auf dem Planeten gab, von vornherein unter der privaten Kontrolle einiger weniger Großunternehmen stehen wird, die nicht nur über die eingeschlagenen Technikpfade entscheiden, sondern auch wesentlich an der Ausgestaltung der für die Verfolgung ihrer Zielsetzungen notwendigen, rechtlichen Rahmenbedingungen im globalen Maßstab beteiligt sind."

Im Jahr 2002 hatten die 118 führenden Unternehmen ingesamt einen Umsatz von 342 Milliarden US-Dollar. Hiervon kontrollierten die zehn größten Pharmakonzerne etwa 53% des Weltmarktes für pharmazeutische Produkte. Diese Konzentration ist auch für den Saatgutmarkt feststellbar. Die zehn größten Saatgutkonzerne kontrollierten im selben Jahr 31% des kommerziellen Marktwertes von ca. 23 Milliarden US-Dollar für Saatgut (vgl. www.worldseed.org/statistics.html). Die sechs größten Pestizid-Unternehmen kontrollierten 70% des globalen Pestizid-Marktes und die „Top Ten" der Agrochemie-Unternehmen verkauften 80% der landwirtschaftlichen Chemikalien weltweit (vgl. ETC 2003a). Da die Life Sciences-Branche hochgradig von Marktstrategien geleitet ist, kann sich dies sehr problematisch auf die Diversität der Kulturpflanzen auswirken. So hat der Konzern *Seminis*, einer der größten Saatguthersteller weltweit, im Jahr 2000 aufgrund von Rationalisierungen 25% seiner Produktlinien (ca. 2000 Sorten) vom Markt genommen, die damit nicht mehr für die Landwirtschaft zugänglich sind (vgl. Görg 2003: 267). Die *Commission on Intellectual Property Rights* (CIPR) sieht diese Entwicklung äußerst kritisch und fordert ein verstärktes staatliches Engagement in der Züchtung: „Because of the growing concentration in the seed industry, public sector research on agriculture, and its international component, should be strengthened and better funded" (CIPR 2002: 66).

Die Life Sciences-Unternehmen haben ein starkes Interesse, gentechnisch verändertes Saatgut auf den Markt zu bringen. So wird in verschiedenen Publikationen immer wieder die Bedeutung von gentechnisch veränderten (Genetically Modified – GM) Pflanzen betont. Nicht nur TNCs wie Monsanto oder Aventis, auch der BDP wirbt in seinen Publikationen breit für den Einsatz von GM-Saatgut (vgl. BDP 2002b, ISF 2002). Dies hängt vor allem mit verschiedenen Möglichkeiten zusammen, die sich hinsichtlich der Vermarktungsoptionen bei GM-Saatgut eröffnen. Zum einen kann gentechnisch verändertes Saatgut über das Patentrecht geschützt werden, was bei konventionellem Saatgut, wie ausgeführt, nicht möglich ist.[141] Hierdurch kann die Konkurrenz daran gehindert werden, Saatgut von anderen Unternehmen als Züchtungsgrundlage zu verwenden, da auch dies durch Patente verboten wird und das Züchterprivileg nicht für patentierte Pflanzen gilt (vgl. Seiler 2000: 185ff.). Und schließlich kann Saatgut über gentechnische Verfahren steril gemacht werden, so dass der jährliche Saatgut-Nachkauf der LandwirtInnen garantiert ist (s. Kap. 5.3).[142] Aus diesem Grund ist die Life Sciences-Industrie an einer Vergrößerung der Anbaufläche von GM-Saatgut interessiert. Seit 1996 ist die globale Anbaufläche von gentechnisch veränderten Pflanzen um das 35-Fache gestiegen und war Ende 2002 bereits fast doppelt so groß wie die gesamte landwirtschaftlich genutzte Fläche in Frankreich. Im Jahr 2002 wurden weltweit auf 58,7 Mio. Hektar transgene Pflanzen angebaut. Nach *International Service for the Acquisition of Agri-biotec Applications (*ISAAA) stammen inzwischen mehr als 51 Prozent der Weltsojaproduktion, neun Prozent der Weltmaisproduktion und zwölf Prozent der Weltrapsproduktion aus GM-Pflanzen (vgl. BDP 2003).

c) Nationalstaaten
Nationalstaatliche Akteure sind in allen drei Beispielen an den Konflikten beteiligt. Am offensichtlichsten mag das am zweiten Beispiel sichtbar sein, in dem staatliche Instanzen direkt in die Bioprospektionsprojekte in Chiapas involviert sind. Doch sind National-

staaten viel grundlegender in die Konflikte verwickelt. Denn über Gesetze und internationale Abkommen geben diese den Rahmen vor, in dem sich marktwirtschaftliche Prozesse überhaupt erst entwickeln können. Der politisch-rechtliche Kontext ist die Voraussetzung für die legale Aneignung der genetischen Ressourcen durch Life Sciences Unternehmen. So ist das globale IPR-System, in Form des TRIPs-Abkommens und der WTO als Organisation mit effektiven Durchsetzungsmechanismen, von Nationalstaaten eingesetzt worden und wird durch diese abgesichert. Die Nationalstaaten sind weiterhin wichtige Gebilde, in denen sich die unterschiedlichen gesellschaftlichen Interessen verdichten. Durch den Prozess der Internationalisierung der Staaten transformieren sich diese zu „Wettbewerbsstaaten" (Hirsch 1995; s. Kap. 3.2.3.3). Die genetischen Ressourcen sind hierbei sozusagen ein „Standortfaktor" der südlichen Länder. Im Rahmen der internationalen Konkurrenz und durch das Interesse an der Inwertsetzung ihrer Ressourcen treten diese in eine „strukturelle Angebotskonkurrenz" (Brand 2000: 221) zueinander. Gleichzeitig besitzen diese Länder immense Auslandsschulden, die ihren Handlungsspielraum einschränken. Auf dem Feld der internationalen Politik treffen die unterschiedlichen Interessen der Nationalstaaten, der TNCs und der zivilgesellschaftlichen Kräfte aufeinander und es bildet sich in einem konflikthaften und zum Teil auch widersprüchlichen Prozess eine Hegemonie bestimmter Interessen heraus. Ohne Zweifel haben die Industriestaaten hier eine mächtigere Position als die südlichen Länder. Dies drückt sich auch in der Bedeutung der internationalen Abkommen aus. So spielt das TRIPs-Abkommen eine wichtigere Rolle als die CBD oder der IT und die Farmers' Rights finden sich nur im IT wieder. Diese Hegemonie ist von den internationalen Kräfteverhältnissen abhängig und drückt sich letztlich in der spezifischen Regulation der Themenfelder allgemein und der Regulation der Biodiversität im Speziellen aus (s. Kap. 5.4).

Es kann also festgehalten werden, dass die Life Sciences-Industrie ungleich mehr Möglichkeiten zur Durchsetzung ihrer Interessen besitzt, als dies für *place based acteurs* wie indigene Völker oder bäuerliche Akteure im Allgemeinen gilt. Doch diese ökonomischen Machtzentren agieren nicht losgelöst von der Politik der Nationalstaaten. Vielmehr ist nationalstaatliche Politik Voraussetzung und Grundlage für das Handeln transnationaler Unternehmen. Für *local based acteurs* ist es ungleich schwieriger, ihre Interessen im internationalen Kontext zu artikulieren, geschweige denn durchzusetzen, auch wenn sie gewisse Handlungspotentiale besitzen und durch international agierende NGOs unterstützt werden. In den Fallbeispielen wurden diese Handlungspotentiale sichtbar: Das Patent *EP*

0 436257 „*Margosan-O*" musste zurückgenommen werden und das Projekt ICBG-Maya wurde gestoppt. Andererseits gibt es noch mehr als 90 weitere Patente auf Teile des Neembaums und das Patent Margosan-O besteht, durch Revisionsverhandlungen, weiterhin. Auch das Konsortium ICGB ist nach wie vor in zehn weiteren Ländern aktiv. Wie der Streit um die Nachbaugebühren in Deutschland zu Ende geht, hängt davon ab, wie sehr es die LandwirtInnen schaffen, Handlungspotentiale zu entwickeln.

5.2 Patente, gesellschaftliche Naturverhältnisse und TKs

Agrobiodiversität und die Ressourcenbewirtschaftung traditioneller Akteure stehen in einem direkten Zusammenhang. Die Form der Ressourcenbewirtschaftung hängt wiederum mit den gesellschaftlichen Naturverhältnissen der Menschen und deren TKs zusammen. Alle drei Fallbeispiele reflektieren diese Zusammenhänge.

Bei dem Konflikt um die Einführung von Nachbaugebühren hat traditionelles Wissen keine *direkte* Bedeutung, da die meisten deutschen LandwirtInnen Sorten anbauen, die sie vorher bei den ZüchterInnen gekauft haben. Doch die Trennung der LandwirtInnen von der Pflanzenzüchtung ist ein historischer Prozess, auf den in Kap. 5.3 eingegangen wird. In den beiden anderen Beispielen ist der Konflikt etwas anders gelagert. Denn hier hat das traditionelle Wissen weiterhin eine aktuelle Bedeutung. Auch ist die Inwertsetzung und Kapitalisierung bestimmter Bereiche noch nicht so weit fortgeschritten. Die Frage ist nun, ob das Patentrecht als Schutz von Traditional Knowledges und damit auch zum Schutz der Biodiversität dienen kann. So ist zum einen zu fragen, inwieweit TKs den formalen Anforderungen eines Systems geistiger Eigentumsrechte gerecht werden. Zum anderen stellt sich die Frage, wie sich geistige Eigentumsrechte auf die gesellschaftlichen Naturverhältnisse der traditionellen Gesellschaften auswirken.

5.2.1 Patente zum Schutz von TKs?

Patente können nur auf Entwicklungen vergeben werden, wenn diese neu sind und auf einer erfinderischen Leistung beruhen. Außerdem muss bei Patenten auf genetische Ressourcen, wie bereits dargestellt, ein technischer Schritt erfolgt sein.

Von diesen Kriterien trifft auf die TKs keines zu. TKs und deren Anwendungen sind nicht neu, da sie seit langer Zeit von Generation zu Generation weitergegeben wurden. In dieser Zeit hat sich dieses Wissen verändert und sicherlich auch verfeinert, neu ist es dadurch aber nicht. Gleichzeitig ist kein erfinderischer Schritt im Sinne des Patentrechts feststellbar. Das Patentrecht verlangt einen individuellen Erfinderakt. Dieser ist aber hier nicht gegeben. Bei dem traditionellem Wissen handelt es sich, wie bereits aufgezeigt, um kollektives Wissen, das von vielen Menschen einer Gemeinschaft oder eines Kulturkreises geteilt wird. Der erfinderische Schritt lässt sich hierbei zeitlich punktuell nicht festgestellt. Fraglich ist allerdings genauso, inwieweit die westliche Forschung auf eine punktuelle Leistung zurückzuführen ist oder ob diese nicht ebenso in einen Komplex an Forschungstätigkeiten verschiedener ForscherInnen eingebettet ist. Bei den TKs ist auch ein technischer Schritt häufig nicht gegeben (vgl. Kuppe 145ff.). Ein weiteres Problem ist, dass keine Person als Erfinder oder Erfinderin benannt werden kann, denn es handelt sich bei den TKs qua Definition um kollektives Wissen. Also müssten bestimmte Institutionen oder Organisationen als Rechtssubjekte auftreten. Hierbei stellt sich aber die Frage, wessen Interessen die jeweilige Institution vertritt. Da es sich bei einem Patent um ein negatives Recht handelt, das andere von den patentierten Kenntnissen fernhält, muss weiter gefragt werden, wer dann von der Ausübung der patentierten Tätigkeiten abgehalten wird. Denn die TKs können sich durchaus auf die Nachbargemeinden und auch auf ganze Regionen erstrecken und selbst nationale Grenzen überschreiten.

Indigenes Wissen und seine Vermittlung beruhen auf Wertmaßstäben, die von den westlichen sehr stark abweichen. Ob diese Wertmaßstäbe mit einem Patentsystem vereinbar sind, erscheint fraglich. Die Unterschiede der beiden Wissensformen, also des traditionellen Wissenssystems und des westlichen Systems geistiger Eigentumsrechte, sind in Tab. 16 zusammengefasst.

Tab. 16 zeigt, dass sich traditionelles Wissen in allen benannten Kriterien vom westlichen Wissenssystem unterscheidet: Während TKs einen starken lokalen Anwendungsbezug haben, soll modernes Wissen universell anwendbar sein. Während IPR vor allem dem Zweck dienen, den TrägerInnen Ausschließungsrechte in Bezug auf andere zu gewähren, sind TKs sozial eingebunden und kollektiv. Während TKs in die sozio-kulturelle Umgebung eingebettet sind, soll das moderne Wissen, wenigstens dem Anspruch nach, losgelöst von jeglicher sozialer Konnotation sein. Und während TKs die gemeinschaftlichen Errungenschaften bei der Entwicklung dieses Wissens betonen, entsteht modernes Wissen idealerweise als individueller Erfinderakt, der die intellektuellen Vorleistungen anderer nicht wahrnimmt. Bei der Frage um die Verfügungsgewalt über PGR stehen sich das

Tab. 16: Vergleich von traditionellen Wissenssystemen und Wissen im Kontext des globalen IPR-Systems

	Traditionelles Wissenssystem	Wissen im globalen IPR-System
Räumlicher Bezugsrahmen	- Lokaler Anwendungsbezug - Konzentriert auf Beziehungen der Menschen zur lokalen Umgebung - Vermittelt durch Verweis auf konkrete Phänomene	- Universeller Anwendungsbezug - Entwirft Muster für (prinzipiell) universelle Anwendbarkeit - Vermittelt durch abstrakte Modelle
Ethische Konnotationen	- Wissen gebunden an Verpflichtungen und Verantwortlichkeiten - Wissensanwendung erfordert Entscheidungsfindung unter Abwägung betroffener Interessen	- Monopolartige Verfügung über Wissen durch den Berechtigten - Beschränkungen bei Wissensanwendung systemirrelevant
Wissensweitergabe	- Wissensweitergabe innerhalb spezifischer sozio-kultureller Umgebung	- Wissensweitergabe in abstraktem Kontext
Wissensneuerungen	- Wissenserweiterung ist sozial akkumulativer Prozess	- Neues Wissen entsteht durch individuellen Erfinderakt
Wesen des Wissens	- holistisch - Wissen ist Teil soziokultureller Tradition	- in Elemente aufgesplittet - Wissen ist Ware

Quelle: Kuppe 2002: 129

westliche, über Eigentumsrechte geschützte und abgeschirmte und auf Profitinteresse ausgerichtete, Wissen einerseits und das traditionelle, auf Austausch und Kooperation beruhende, kollektive Wissen gegenüber.

Das Wissen also, das zur Entstehung und zur Erhaltung der Biodiversität in großem Maße beigetragen hat, entspricht nicht den Anforderungen eines westlichen IPR-Systems. Das moderne Schutzsystem geistigen Eigentums scheint daher kein institutioneller Rahmen zum Schutz des indigenen, traditionellen Wissens zu sein, da Schutzrechte nur dann gegeben werden, wenn das Wissen sich im Kontext der westlichen Wissenschaft bewegt und den westlichen Nutzbarkeits- und Vermarktungskriterien entspricht.[143] Doch „kollektive Rechte indigener Völker legitimieren sich nicht über Kriterien des Marktes, sondern unter Bezugnahme auf historische Kontinuität, kulturelle Zuordnungen und organische soziale Netzwerke" (Kuppe 2002: 131). Folglich wird auch nicht die Grundlage anerkannt, auf der die vorhandene Biodiversität bewirtschaftet, geschützt und nachhaltig genutzt werden könnte. 1993 erschien die UN-Studie über den Schutz kulturellen und intellektuellen Eigentums indigener Völker (UN-Dokument 1993). Die Studie kam zu dem Ergebnis, dass das westliche Patentsystem kein adäquates Schutzsystem für das traditionelle Wissen um die biologischen Ressourcen darstellt. Bereits der Begriff „Eigentum" beinhalte, dass es sich um eine Ware handele, die frei gekauft oder verkauft werden könne. Dies sei nicht auf das traditionelle Wissen übertragbar (ebd.: 39). Auch Posey und Dutfield (1996: 94) kommen zu dem Schluss: „IPR ... are basically inadequate and inappropriate to provide the necessary protection of and compensation for indigenous peoples' individual and collective rights to their knowledge, their culture, and their resources." Da sich also das westliche Patentsystem nicht zum Schutz der TKs eignet, wurden verschiedene Ansätze entwickelt, wie die indigenen Völker oder andere traditionelle LandwirtInnen dennoch einen Schutz ihres Wissens erlangen oder doch wenigstens einen Ausgleich für die Preisgabe ihres Wissens erhalten könnten. So wurden „Community Rights" (GRAIN 1995 www.grain.org/publications/oct951-en-p.htm) und „Traditional Resource Rights" oder „Community intellectual property rights" (Posey/Dutfield 1996) postuliert, um ein Gegengewicht zu den IPR zu bilden. Das Problem hierbei ist, dass sich diese gemeinschaftlichen Rechte (im Folgenden: Community Rights) weder im internationalen Kontext noch in den nationalen Kontexten durchsetzen bzw. überhaupt eine Bedeutung erlangen konnten. Auch ist zu fragen, ob die Community Rights mit dem globalen IPR-System, wie es über das TRIPs-Abkommen und UPOV implementiert wurde, kompatibel sind und wie sich diese Integration in das IPR-System auf die traditionellen Akteure auswirkt (vgl. Posey/Dutfield 1996: 95ff.).

5.2.2 Patente zum Wohle indigener Völker?

BefürworterInnen von geistigem Eigentum zum Schutz indigenen Wissens argumentieren, dass Eigentumsrechte den indigenen Völkern ein Verhandlungspotential in die Hand geben. Sie könnten mit Unternehmen über Zugang, Gebrauch, Gebühren und Tantiemen verhandeln. Traditionelles Wissen wird als wertvolle Ressource gesehen, die nur noch abgeschöpft werden muss: „Therefore, cultural diversity can be considered as a resource, just as biological diversity is a resource" (Zwahlen 1996, zit. n. Görg 2003: 250). Die hieraus resultierenden Gewinne sollen es den indigenen Völkern ermöglichen, ihr Wissen und damit auch die Biodiversität zu bewahren (vgl. z.B. Posey 1990; Reid et al. 1993). Weiter wird argumentiert, dass bei gerechten Verhandlungen durchaus beide Seiten, also die traditionellen Akteure und die Unternehmen, von der Vermarktung der TKs profitieren könnten. Auch seien fast alle Menschen, also auch die traditionellen Gemeinden, inzwischen in die Marktwirtschaft integriert: „We have not found any groups that are not, in some way, involved with the market economy, nor have we found groups, that don't want to get a better price for goods that they are producing" (Clay 1992: 258). Wenn traditionelle Gemeinden auf Dauer überleben wollten, bliebe ihnen gar nichts anderes übrig, als sich ihrer Möglichkeiten bewusst zu werden und aus ihren Fähigkeiten Gewinn zu machen. Nach dem Konzept „use it or lose it" (vgl. Posey/ Dutfield 1996: 51) sei es für die lokalen Gemeinden besser, ihre Ressourcen selber zu nutzen, als dass Unternehmen von außerhalb kämen und sich einfach bedienten, ohne zu fragen. Schließlich benötigten diese Menschen Geld, um ihre Bedürfnisse zu befriedigen und Medikamente und andere Waren zu erhalten. Dieses Geld könne den traditionellen Gemeinden als ökonomische Grundlage dienen und so zum Schutz und zum Erhalt der kulturellen Diversität beitragen (vgl. Clay 1992: 251f.). Nach dieser Auffassung ist die fehlende Integration in die Marktwirtschaft bzw. in den Weltmarkt und die unzureichende Nutzung der TKs und der genetischen Ressourcen Schuld daran, dass es zu einem Verlust dieser Ressourcen kommt.

Da es für die indigenen Völker selbst aber kaum möglich ist, Patente auf ihr traditionelles Wissen zu erhalten, musste also nach anderen Möglichkeiten gesucht werden, um dieses Wissen dennoch in das globale IPR-System integrieren zu können. Eine Lösung wurde schließlich in der CBD gefunden. Durch die CBD erhalten die traditionellen Akteure zwar keine direkten Verwertungsrechte an ihrem Wissen, doch über das Konstrukt „benefit sharing" sollen sie zumindest an den Gewinnen aus ihrem Wissen beteiligt werden. Hier kommt der viel zitierte Art. 8j CBD zum Tragen, der, wie in Kap. 2.6.3 ausgeführt, die gerechte Verteilung der aus der Nutzung ihrer TKs entstehenden Gewinne gewährleisten soll. Bei der Aufzählung der Vorteile, die sich aus der Verwertung des traditionellen Wissens für die indigenen Völker ergeben, werden jedoch verschiedene Konfliktebenen ausgeblendet. Um sich der Frage anzunähern, wie sich Patente auf das traditionelle Wissen auswirken, wird im Folgenden auf zwei Charakteristika vieler indigener Völker näher eingegangen: ihre kollektive und kooperative Orientierung und die marginalen Lebensräume vieler indigener Völker.

Eine Integration traditioneller Gesellschaften in den Weltmarkt bedeutet, dass sich diese Gesellschaften der marktwirtschaftlichen Logik anpassen müssen. Diese Logik ist bislang aber meist nicht ihre Logik gewesen und das Gefüge und das Zusammenleben der traditionellen Gemeinschaften muss sich entsprechend unterordnen. Das bedeutet aber auch eine Veränderung der gesellschaftlichen Naturverhältnisse und der TKs dieser Gemeinschaften, was sich schlussendlich wiederum auf den Umgang mit ihrer Umwelt und der Biodiversität auswirken muss. Bisherige Erfahrungen scheinen darauf hinzuweisen, dass der kommerzielle Handel das interne gesellschaftliche Gefüge indigener Gesellschaften problematisch verändert (vgl. Kuppe 2001: 152f.). Da das Wissen um den Erhalt und die Weiterentwicklung der genetischen Ressourcen kulturell eingebettet ist, scheint es durchaus fraglich, ob die Annahme aufrecht erhalten werden kann, die aus der Kommerzialisierung resultierende Veränderung der indigenen Kultur könne sich nicht auf deren Umgang mit Wissen und damit auch auf das Wissen selbst auswirken. Denn dieses Wissen beruht zum großen Teil auf dem Umstand, dass sich die traditionellen Gemeinschaften bisher noch am Rand der globalen Marktprozesse befunden haben (vgl. Grimmig 1999: 154). Durch die Integration indigener oder ländlicher Gemeinden in den Weltmarkt wird auch der interne freie Austausch verhindert und langfristig die kulturelle Basis der gesellschaftlichen Naturverhältnisse verändert. Das kooperative Handeln zwischen den TrägerInnen des traditionellen Wissens wird sich transformieren. Denn ein Patent überträgt, wie bereits ausgeführt, ein negatives Recht. Es hindert andere Personen, von dem patentierten Gegenstand und dem Wissen zu profitieren. Gleichzeitig wurde aber gerade das Wissen um die Biodiversität in einem kollektiven Prozess entwickelt, in dem sich die Menschen über ihre Erfahrungen im Umgang mit der Natur, über neue Pflanzensorten, über bestimmte Methoden austauschten usw. So folgert Agrawal (1998: 206): „Die Zuteilung exklusiver Rechte an indigenen Wissensressourcen an rechtlich anerkannte

Akteure untergräbt die Anreize, eine kollektive Orientierung bei der Produktion dieses Wissens aufrechtzuerhalten." Wenn also von Unternehmen oder anderen Akteuren geistige Eigentumsrechte über traditionelles Wissen und deren Ressourcen beansprucht werden, führt dies zu einer Veränderung der Wissensproduktion, was sich schließlich auch auf die genetischen Ressourcen, deren Erhaltung und Weiterentwicklung auswirken wird.[144]

Im kapitalistischen und insbesondere im neoliberalen Kontext wird Wissen zur Ware transformiert und über Patente privatisiert und ökonomisch inwertgesetzt. Die gewachsenen Beziehungen traditioneller Gemeinschaften zu ihrem Naturraum werden hierbei nicht berücksichtigt. „So gehört es zur Eigentümlichkeit der biotechnischen Industrialisierung, daß viele Firmen und Forschungseinrichtungen indigene Wissensarten nutzen, während sie dazu beitragen, den sozialen Kontext, in dem diese Wissensarten entstanden sind, zu unterminieren" (Heins 2000: 145). Die indigenen Völker und traditionelle LandwirtInnen befinden sich allerdings in einem Dilemma. Und dieses Dilemma ist die Folge des intensiven Interesses an ihnen von Seiten mächtiger Akteure. Wenn sie sich nicht der geistigen Eigentumsrechte bedienen, und sei es in Form eines benefit sharings im Rahmen der CBD, werden ihr Wissen und ihre Ressourcen wahrscheinlich ausgebeutet werden, ohne dass sie daraus irgendeinen Gewinn ziehen. Ordnen sie sich stattdessen aber dem westlichen System geistiger Eigentumsrechte unter und verkaufen ihr Wissen und ihre Ressourcen, wird sich die bisherige Form der Wissensproduktion verändern, was sich letztendlich auch auf ihre Kultur und damit auf die soziale Struktur der Gemeinschaften auswirkt, auch wenn vielleicht einige Individuen der Gemeinschaft davon profitieren sollten (vgl. Agrawal 1998: 209).

5.3 Die Ablösung der LandwirtInnen vom Saatgut

Bei der Wahl der Fallbeispiele war von Interesse, nicht nur die Auswirkungen von Patentsystemen auf traditionelle LandwirtInnen und indigene Völker zu betrachten, sondern auch den Bezug zur industrialisierten Welt herzustellen. Am Fallbeispiel der Nachbaugebühren in Deutschland wird die Frage aufgeworfen, welche Akteursgruppen Rechte auf Saatgut anmelden können. Die Interessen der ZüchterInnen sind hierbei den Interessen der LandwirtInnen entgegengesetzt. Für eine Annäherung an die Frage ist ein historischer Rückblick wichtig, der den Ablösungsprozess der LandwirtInnen von ihren

Rechten am Saatgut beleuchtet (für ausführliche Darstellungen sei verwiesen auf Kloppenburg (1988), Flitner (1995) und Clar (1999)).

Die Saatgutzüchtung gelangte in Deutschland zwischen den 20er und 40er Jahren des 20. Jahrhunderts bereits fast vollständig in die Hände von Zuchtbetrieben (vgl. Flitner 1995: 276). Vor allem gesetzliche Regelungen forcierten diesen Prozess. 1934 wurde die Verordnung über Saatgut erlassen, die den Nachbau von Saatgut stark einschränkte und zum Teil ganz untersagte. Diese Verordnung sollte im Sinne der nationalsozialistischen Ideologie den Schutz des „deutschen Bauern [vor] minderwertigem, verunreinigtem, erbkrankem Saatgut" (Ratgeber für die Sortenwahl 1937: 5f.; zit. n. Flitner 1995: 81) sicherstellen. Ziel damals (wie heute) war der „Saatgutwechsel auch auf dem kleinsten Hof" (ebd.). Alle ZüchterInnen wurden dazu aufgerufen, ihre „minderwertigen" Zuchten abzuliefern. Wenn die ZüchterInnen dem nicht nachkamen, wurden Zwangsmaßnahmen durchgeführt. Diese Zwangsmaßnahmen hatten eine drastische Einengung des zugelassenen Sortenspektrums zur Folge (vgl. Tab. 6, Kapitel 1.3.3.2). Für das gesamte Reichsgebiet waren mehr als neun Zehntel der vorher angebauten Sorten nicht mehr zugänglich. In der folgenden Zeit wurde der Prozess der Ablösung der LandwirtInnen vom Saatgut verfestigt. 1953 entstand das deutsche Saatgutgesetz, welches die Regelungen der Sortenschutzverordnung weitgehend übernahm. Nach Flitner (1995: 277) war dieser Prozess irreversibel. Für die LandwirtInnen ist es heute kaum mehr möglich, die Saatgutzüchtung wieder in die eigene Hand zu nehmen, da die Züchtung inzwischen technisiert und darüber hinaus rechtlich abgeschirmt worden ist. Gleichzeitig ist die moderne Züchtung ständig auf neue pflanzengenetische Ressourcen angewiesen. Sie muss auf das bereits gesammelte Material zurückgreifen und es durch neue Sammlungen auffrischen. In anderen Ländern, wie z.B. den USA, verlief der Prozess der Ablösung der LandwirtInnen von dem Saatgut etwas anders, da hier nicht gesetzliche Regelungen für eine Einschränkung des Nachbaus sorgten, sondern auf technischem Wege, durch die Einführung der Hybridsorten, die Wiederaussaat von vielen Sorten verhindert wurde (vgl. 3.1.2.1). Während 1938 in den USA nur knapp 15% der Anbaufläche von Mais mit Hybridsaat bestellt wurden, belief sich der Anteil an Hybridmais zehn Jahre später bereits auf etwa 80% (vgl. Kloppenburg 1988: 92ff.).

International und vor allem in südlichen Ländern vollzog sich die Ablösung vieler LandwirtInnen von ihrem Saatgut durch die Grüne Revolution. Von der einen Seite betrachtet, war die Grüne Revolution eine Strategie zur Erhöhung der Nahrungsmittelproduktion, mit zum Teil katastrophalen Folgen für die Umwelt. Auf der anderen Seite wurden die LandwirtInnen durch die Hybridsorten von ihrem Produktionsmittel getrennt, was eine Zerstörung der tradierten gesellschaftlichen Naturverhältnisse zur Folge hatte. Im Laufe der Zeit monopolisierte sich die Kontrolle über die Produktionsmittel in den Händen von Saatgutkonzernen, die wiederum immer enger mit der entstehenden Life Sciences-Branche zusammenarbeiteten (vgl. Kloppenburg 1988: 242ff.). So folgert Görg (1998: 52): „Mit der Grünen Revolution wird also ein bedeutender Schritt in der Durchsetzung einer kapitalistisch organisierten Landwirtschaft ... gemacht." Global kann von einer Veränderung der gesellschaftlichen Naturverhältnisse ganzer Nationen gesprochen werden, sowohl in den südlichen Ländern als auch in den Industrieländern. Hierbei untergrub die Strategie der Kapitalisierung der Landwirtschaft die Basis ihrer eigenen Produktion, indem sie die Vielfalt der SaatgutproduzentInnen und damit auch die Vielfalt an Saatgutsorten zerstörte. Von der kapitalistischen Akkumulationsweise werden Elemente vorkapitalistischer gesellschaftlicher Bereiche vereinnahmt. Die „innere Landnahme" weitet sich aus (vgl. Kap. 3.1.2.1). Dabei werden diese Bereiche, hier in Form tradierter gesellschaftlicher Naturverhältnisse, so transformiert, dass ihre Struktur bedroht und vermutlich auf Dauer zerstört wird (vgl. Görg 1998: 53f.).

Die Gentechnik spielt für die Kontrolle über den Verkauf und die Rechte am Saatgut eine besondere Rolle. Denn GM-Organismen sind immer patentrechtlich geschützt.[145] Die Gentechnologie ermöglicht daher einen umfassenderen Schutz als das Züchterrecht. In den USA und in Kanada sind die Folgen für die GM-Saatgut anbauenden LandwirtInnen bereits sichtbar. Wollen diese z.B. GM-Saatgut von Monsanto anbauen, müssen sie vorher einen Anbauvertrag unterschreiben. Dieser verpflichtet die LandwirtInnen dazu, das Saatgut nur für eine Erntesaison zu verwenden. Es darf auch nicht weiterverkauft oder weitergezüchtet werden. Weiterhin sind sie verpflichtet, das Pestizid von Monsanto zu verwenden (vgl. Flint 1998). In den letzten Jahren ging die Life Sciences-Industrie einen weiteren Schritt, der die Möglichkeit des Nachbaus einschränkt: Die Entwicklung der „Terminator-Technology" (ETC 1998), offiziell – im CBD-Jargon – „Genetic Use Restriction Technologies" genannt. Diese gentechnologische Methode hat zur Folge, dass das Saatgut steril wird. Während bei Hybridsaatgut wenigstens theoretisch die Wiederaussaat möglich ist, können die „suicide seeds" (ETC 2002b: 2) nicht ein weiteres Mal ausgesät werden. Bei diesen gentechnisch veränderten Pflanzen ist daher die Abhängigkeit der LandwirtInnen vom Saatgutzukauf garantiert. Während innerhalb der CBD noch um den Umgang mit dieser Technologie gestritten wird, werden von der Life

Sciences Industrie bereits Fakten geschaffen: „While CBD is chasing paper and conducting endless studies, multinational Gene Giants are winning new patents and planning to field test sterile seed technology soon. If delays ... continue, we'll have sterile harvests in farmers fields within a year or two" (Shand, zit. n. ETC 2003b).

Aus gesellschaftspolitischer wie auch aus ökologischer Perspektive besorgniserregend ist der Umstand, dass es in den letzten Jahren zu einer unkontrollierten Verbreitung von GM-Saatgut gekommen ist. Ende 2001 wurde beispielsweise eine Kontamination von Maisfeldern in verschiedenen Regionen von Mexiko festgestellt (vgl. Quist/ Chapela 2001: 543). Die Kontamination ist erstaunlich, da die Einfuhr und der Anbau von gentechnisch veränderten Pflanzen in Mexiko verboten sind. Die GM-Maissaat muss sich daher wahrscheinlich über den aus den USA importierten GM-Mais ausgebreitet haben.[146] Es ist nicht abzusehen, was eine Kontamination mit GM-Organismen in einem Ursprungszentrum bestimmter Nutzpflanzen, wie hier dem des Mais, zur Folge hat. Denn es wird angenommen, dass bereits Proben in den Genbanken des *Centro Internacional de Mejoramiento del Maíz y el Trigo* (CIMMYT) selbst kontaminiert sind, was insofern bedeutsam ist, da das CIMMYT die wichtigste Genbank zum Schutz vor Verlustes der Maisvarietäten weltweit ist (vgl. Hodgson 2002: 3).[147] Hochproblematisch ist hierbei weiterhin, dass auch Varietäten des so genannten „Starlink-Maises" gefunden wurden, der giftig und daher für den menschlichen Konsum verboten ist: „The presence of Starlink is especially serious because it ends up in the corn these communities consume „ (CECCAM 2003).[148] Schließlich ist ebenfalls von Bedeutung, dass die GM-Sequenzen, die sich in die mexikanischen Varietäten eingekreuzt haben, patentiert sind. Das bedeutet, dass, nach der bisherigen Rechtsprechung in Kanada und in den USA, die Pflanzen den Unternehmen gehören, die die gentechnischen Modifikationen vorgenommen haben, in diesem Fall Monsanto und Syngenta. In den USA und in Kanada führt Monsanto gegen mehrere hundert LandwirtInnen, auf deren Feldern GM-Saat von Monsanto gefunden wurde, Prozesse (vgl. ETC 2002c: 3). Bisher wird in Mexiko der us-amerikanischen Rechtsprechung nicht gefolgt. Sobald jedoch die LandwirtInnen versuchen werden, diesen Mais in die USA zu exportieren, werden sie mit deren Rechtssprechung konfrontiert und voraussichtlich Lizenzen zahlen müssen. Und über das TRIPs-Abkommen wird diese Rechtsprechung bald in allen Mitgliedsländern, so auch in Mexiko, umgesetzt werden. „The issue goes far beyond Mexico because all centers of crop diversity could be endangered. The international community's lack of action is appalling. The only beneficiaries are the multinational Gene Giants, who are hoping that governments will surrender to GM contamination. But surrender is not on our agenda" (ETC 2003c).

Bei dem Konflikt um die Nachbaugebühren in Deutschland geht es daher weniger um erhöhte Preise, für die die LandwirtInnen aufkommen müssen, und auch weniger um die Versorgung deutscher LandwirtInnen mit optimiertem Saatgut. Bei den Nachbaugebühren geht es vor allem um die Weiterführung der Kapitalisierung dieser Bereiche, es geht um die immer noch nicht erreichte, vollständige Abschaffung der Rechte der LandwirtInnen an ihrem Produktionsmittel. Dieses Vorgehen ist den ZüchterInnen nicht zu verübeln, handeln diese doch in Übereinstimmung mit marktwirtschaftlichen Kriterien und hoffen auf Erhöhung ihres Absatzes an Saatgut. Der Streitpunkt liegt daher weder in der Frage, ob 60% oder 80% Nachbaugebühren bezahlt werden müssen, auch nicht, ob statt des „Kooperationsmodells" die „Vereinbarung zur Zukunftssicherung Ackerbau" oder die „Rahmenreglung Saat- und Pflanzgut" zur rechtlichen Regelung dieses Bereichs Anwendung finden soll. Die Frage ist, ob die vollständige Ablösung der LandwirtInnen vom Saatgut gesellschaftlich und politisch gewollt ist oder ob der Ansicht gefolgt wird, dass der langfristige Erhalt und die Sicherung der Agrobiodiversität nur möglich ist, wenn die Akteure, die diese Diversität haben entstehen lassen, politisch gestärkt werden.

5.4 (Post-)Fordistische Regularien und „ursprüngliche Akkumulation"

Mit dem Begriff der „ursprünglichen Akkumulation genetischer Ressourcen" benennt Kloppenburg (1988: 9ff.) zwei Elemente der Regulation von PGR. Das eine Element ist die Sammlung der wichtigsten weltweiten Nutzpflanzen von europäischen Ländern durch verschiedene Forschungs- und Sammlungsreisen. Die Interessen an den globalen genetischen Ressourcen bestehen seit vielen Jahrhunderten und besonders die europäischen Staaten haben bereits während der Kolonialzeit begonnen, sich die Agrobiodiversität von verschiedenen Kontinenten anzueignen. Das zweite Element ist die Trennung der landwirtschaftlichen ProduzentInnen von ihrem Produktionsmittel, also dem Saatgut, welches vormals ihr eigenes Produktionsgut war. Allerdings war der Prozess der „ursprünglichen Akkumulation" von PGR stets mit zwei Problemen konfrontiert. Zum einen wurden der Kommerzialisierung des Saatguts Grenzen gesetzt, da die LandwirtInnen die Saat nachbauen konnten: „The reproducibility of the seeds furnishes conditions in which the reproduction of capital is highly problematic" (Kloppenburg 1988: 38). Gleichzeitig benötigt die Produktion von modernem Hochleistungs-saatgut einen ständigen Zufluss an neuem genetischen Material. Für diese beiden Probleme mussten separate Lösungsansätze entwickelt werden.

Die Lösung des ersten Problems bestand in der bereits beschriebenen Abtrennung der LandwirtInnen von ihrem Produktionsmittel. Von Regierungen wurde dieser Prozess mit der Durchsetzung bestimmter Gesetze bestärkt. Anfangs handelte es sich nur um nationale Regelungen, wie der deutschen Verordnung über Saatgut. Doch durch das Inkrafttreten der UPOV-Konvention 1968 wurden diese international bestätigt. Während das Farmers' Rights Privileg anfangs noch einen wichtigen Stellenwert in der UPOV-Konvention einnahm, wird deren Bedeutung und damit die Rechte der LandwirtInnen in der UPOV-Akte 1991 stark eingeschränkt. Schließlich wird mit dem TRIPs-Abkommen die Möglichkeit der Patentierung von PGR eröffnet, während das Farmers' Rights Privileg überhaupt keine Rolle mehr spielt. Außerdem wurde das TRIPs-Abkommen mit effektiven Durchsetzungsmechanismen in Form von *dispute settlement body's* ausgestattet. Auf dem rechtlichen Weg wurden daher diejenigen Akteure mit weitreichenden Rechten ausgestattet, denen es möglich ist, durch biotechnologische Methoden das Saatgut so aufzuarbeiten, dass es patentierbar ist.

Das zweite Problem der „ursprünglichen Akkumulation", also die ständig benötigte Zufuhr an neuem genetischen Material, verschärfte sich, als südliche Staaten in den 1970er Jahren gegen die gängige Praxis opponierten, die es nördlichen Akteuren ermöglichte, kostenlos auf ihre genetischen Ressourcen zuzugreifen. Die südlichen Staaten verlangten nach einer Konvention über pflanzengenetische Ressourcen, die diesen Zugriff regeln sollte, woraufhin 1983 das International Undertaking entstand (vgl. Flitner 1998: 152f. und Kap. 2.6.4). Durch das IU sollten die globalen genetischen Ressourcen inklusive der durch ZüchterInnen entwickelten Zuchtlinien als „Erbe der Menschheit" definiert werden. Doch die Industrieländer waren nicht daran interessiert, dass südliche Akteure Zugang zu „ihrem" gezüchteten Saatgut erhielten, auch wenn dieses Saatgut zum allergrößten Teil auf der Basis von Ressourcen aus den südlichen Ländern entwickelt worden war. Und auch einige südliche Länder, insbesondere die Megadiversitätsländer, hatten Bedenken. Sie fürchteten, das IU würde die gängige Praxis der kostenlosen Aneignung genetischer Ressourcen fortsetzen. So wurde das IU fast 20 Jahre verhandelt und blieb völkerrechtlich unverbindlich, bis Ende 2001 schließlich der internationale Saatgutvertrag (IT) entstand. Die Lösung des Problems, dass TNCs und nördliche Länder den Zugriff auf natürliche Biodiversität benötigen und dass südliche Länder an der Kommerzialisierung beteiligt werden wollen, wurde in einem anderen Abkommen gefunden: der CBD.

5.4.1 CBD: Vermarktung und Schutz der Biodiversität im Einklang?

Das Ziel der CBD ist die Zusammenführung dreier Anliegen: Der Schutz der Biodiversität, die nachhaltige Nutzung der Komponenten der Biodiversität und die gerechte und ausgeglichene Aufteilung der Gewinne, die sich aus der Kommerzialisierung der genetischen Ressourcen ergeben (vgl. Art.1 CBD). Die Zusammenführung dieser drei Anliegen in einem internationalen Abkommen ist ein historisches Novum und Resultat der kompromisshaften Konfliktbearbeitung der Auseinandersetzungen um die genetischen Ressourcen. Im Gegensatz zum TRIPs-Abkommen beziehen sich verschiedene Akteure aus dem NGO-Spektrum und Umweltorganisationen positiv auf die CBD. Aus deren Sicht „öffnet [die CBD] einen Weg zum Schutz alternativer Wissenssysteme und der kreativen Leistungen, die auf ihrer Basis hervorgebracht wurden" (Singh Nijar 2001: 129). Auch würde die CBD eine „faire Verteilung des Nutzens und der Gewinne aus der biologischen Vielfalt" (Klaffenböck et al. 2001: 16) anstreben. Die Regularien benefit sharing, PIC und MAT werden als Grundlage dieser gerechten Aufteilung der Gewinne aus den genetischen Ressourcen angesehen. Viel zitiert ist auch der Artikel 8j der CBD, da kein anderes internationales Abkommen von Bedeutung sich positiv und anerkennend zur Rolle indigener Gemeinschaften äußert (s. Kap. 2.6.3).

Aus Sicht der Regulationstheorie handelt es sich bei der CBD um die institutionelle Verrechtlichung und Etablierung eines Regimes zur Verteilung von Verfügungsrechten. Hier artikulieren und verdichten sich verschiedene und auch widersprüchliche Interessen der einzelnen Akteure. Denn internationale Regime überwinden nicht die Konkurrenz zwischen den einzelnen Staaten und heben auch nicht die bestehenden Machtstrukturen auf, sondern reflektieren diese (vgl. Görg/Brand 2001: 467). Wenn ten Kate und Laird (1999: 330) feststellen, „the CBD itself does not define 'benefit', 'sharing', 'fair' or 'equitable', nor does it offer much guidance, on who is the arbiter of the standard of 'fairness and equity'", bedeutet das, dass die Definition dieser Begriffe und die Umsetzung dieser Instrumentarien nicht im neutralen Raum stattfindet, sondern im Zusammenhang mit dem internationalen Konflikt um die Verteilung von Zugangs-

und Eigentumsrechten steht. In diesem Konfliktfeld fächern sich die verschiedenen Interessen und Machtverhältnisse auf.

Durch das Prinzip der nationalen Souveränität über die genetischen Ressourcen wird das Verhandlungspotential der südlichen Länder gestärkt. Es kann nicht mehr zu einem legalen Zugriff von Bioprospektionsprojekten der Industrieländer oder der TNCs kommen, ohne dass diese Kompensationsleistungen an die südlichen Länder entrichten müssen. Inwieweit diese Souveränität zum strategischen Vorteil der südlichen Länder genutzt wird, ist bisher noch offen und Teil der konflikthaften Auseinandersetzungen und Kompromissfindungen. Hierbei steht das Prinzip der nationalen Souveränität über die genetischen Ressourcen nicht im Widerspruch zu den Interessen der Industrieländer und der TNCs, sondern ist vielmehr die Voraussetzung für deren Inwertsetzung (Brand 2000: 225f.). Denn erst die staatlichen Regulierungen garantieren einen sicheren und unkomplizierten Zugriff auf die genetischen Ressourcen. Die südlichen Länder treten hierbei als Verhandlungspartner auf, die ihre Rechte an den Ressourcen veräußern können und gleichzeitig in Angebotskonkurrenz zueinander stehen. Würden die genetischen Ressourcen als gemeinsames Erbe der Menschheit gelten und eine Patentierung ihrer Bestandteile verboten, stünden diese Ressourcen nicht mehr für Akkumulation und Kommerzialisierung zur Verfügung.

Bleibt die Frage, ob südliche Nationalstaaten bzw. deren Regierungen die Interessen der auf ihrem Staatsgebiet lebenden indigenen Völker vertreten. Wie bereits dargestellt, war das Verhältnis bislang äußerst konflikthaft. Den indigenen Völkern wurde politische, kulturelle und territoriale Selbstbestimmung abgesprochen. Die Regierungen der südlichen Staaten stellten häufig „die legalen und bisweilen kriegerischen Instrumente dar, um die Gemeinschaften und indigenen Völker auf ihrem Land und Territorium ihrer kulturellen, wirtschaftlichen und sozialen Rechte zu berauben" (Ribeiro 2002b: 127). Durch die CBD wird den Regierungen der südlichen Länder Souveränität über die genetischen Ressourcen zugesprochen, während indigene Völker weiterhin keine Rechte beanspruchen können. Bewusst wird in der CBD von indigenen Gemeinschaften und nicht von indigenen Völkern gesprochen, denn Völker hätten viel weitgehendere Rechte auch auf die sie umgebenden Ressourcen (vgl. Rossbach de Olmos 1999). Zudem stellt die CBD klar, dass die Rechte traditioneller Gemeinschaften immer mit der Gesetzgebung der jeweiligen Länder abgeglichen und ihr untergeordnet werden müssen. Der Art. 8j der CBD und staatliche Souveränität stehen daher in einem Spannungsverhältnis. Außerdem ist das Prinzip der nationalen Souveränität bisher nicht mit dem Prinzip der Farmers' Rights kompatibel.

Das Problem, mit dem sich die Industrieländer und die Life Sciences-Unternehmen im IU konfrontiert sahen, also die Erklärung aller genetischer Ressourcen zum gemeinsamen Erbe, wurde in der CBD „elegant" gelöst. Denn die CBD bezieht sich nur auf das genetische Material, das nach Umsetzung der CBD, also nach 1993, gesammelt wurde und wird. Gleichzeitig wird durch Art. 16.2 und Art. 16.5 CBD die Anerkennung der geistigen Eigentumsrechte verlangt. Geistige Eigentumsrechte werden zwar insofern eingeschränkt, als diese nach Art. 16.5 CBD nicht den Zielen des Übereinkommens zuwiderlaufen sollen. Doch die Definition, was den Zielen zuwiderläuft und was nicht, ist wiederum in die globalen Hegemonieverhältnisse eingebettet. Und diese Hegemonie ist auf Seiten derjenigen Akteure, die sich für einen starken Patentschutz einsetzen. Es ist noch offen, wie CBD und geistige Eigentumsrechte zueinander stehen werden. Zur Zeit sieht es aber danach aus, dass es zur Anwendung von Patenten auf die genetischen Ressourcen kommen wird, wenn das Prinzip des benefit sharings greift. So sieht Seiler (2000b: 47) in der CBD ein Abkommen, „welches aufgrund seiner betont patentfreundlichen Ausprägung womöglich weitreichendere Konsequenzen haben kann im Hinblick auf eine weltweite Übertragung westlicher Standards beim Schutz geistigen Eigentums als das TRIPs-Abkommen." Schließlich ist die Ausgestaltung des benefit sharing ein äußerst schwieriges Unterfangen, da bisher völlig unklar ist, was ein „angemessener" Vorteilsausgleich ist und an wen dieser Vorteilsausgleich transferiert werden soll (vgl. Kap. 4.2.2.5). Es ist also noch nicht geklärt, wie ein von der CBD gefordertes benefit sharing funktionieren soll und ob ein solcher Vorteilsausgleich überhaupt den lokalen Menschen zugute kommen kann (vgl. Görg 2003: 291). Mit der CBD wird versucht, einen positiven Zusammenhang zwischen dem Schutz der Biodiversität, den Interessen der Life Sciences Industrie und der Integration bisher nur unzureichend in den Weltmarkt integrierter Bereiche (Ressourcen, Regionen, traditionelle Gemeinschaften) herzustellen. TNCs und internationalen Organisationen wird eine bedeutende Stellung beim Schutz der Biodiversität beigemessen:

„Die WTO, die Weltbank und der Internationale Währungsfonds versuchen in wachsendem Umfang, sich für Umweltschutz und Armutsbekämpfung einzusetzen. Multinationale Unternehmen und Allianzen der globalen Zivilgesellschaft betreiben eine immer energischere Debatte dazu. Der Johannesburg-Gipfel kann diese Akteure in den Dienst nehmen und sich auf Wege konzentrieren, auf denen die Globalisierung nutzbar gemacht werden kann für die Bedürfnisse der Armen und Marginalisierten, um Umweltdienstleistungen zu erhalten" (International Insitute for Environment and Development 2001, zit. n. Görg/Brand 2002: 14).

Doch diese Sicht- und Herangehensweisen negieren die internationalen Machtverhältnisse, in die das Konfliktfeld Biodiversität eingelassen ist. In Bezug auf die CBD merkt Ribeiro (2002a: 46) an, dass statt von Biopiraten besser von Biokorsaren gesprochen werden sollte. Denn Piraten erhielten im 16. und 17. Jahrhundert von der englischen Krone Kaperbriefe, die international anerkannt waren und die diese Piraten zu Korsaren/Freibeutern machten. Korsaren konnten dann nicht mehr als Piraten angeklagt werden. Sie bekamen die Erlaubnis zum Kapern von Schiffen von der staatlichen Autorität und mussten im Gegenzug Rechenschaft über ihre Beute ablegen (vgl. Kaperbrief 2002: 1).

5.4.2 IT: Gemeinsames Erbe der Menschheit?

Durch den bilateralen Ansatz der CBD können genetische Ressourcen erschlossen werden, auf die sich die Souveränität eines Landes erstreckt. Das gilt besonders für pharmazeutisch interessante Pflanzen. Doch sind dieser Bilateralität Grenzen gesetzt. Besonders Pflanzen, die im Agrarbereich Anwendung finden, basieren im Regelfall auf Bestandteilen mehrerer Sorten, die aus verschiedenen Ländern stammen können (vgl. Seiler 2003). Der Zugang zu diesen PGR muss daher multilateraler geregelt werden. Hier kommt der internationale Saatgutvertrag (IT) zum Tragen. Im Gegensatz zur CBD verfolgt dieser das Konzept des Common Heritage, also das Konzept des gemeinsamen Erbes der Menschheit zum Schutz und Erhalt genetischer Ressourcen. Der eigentliche Grundgedanke dieses Konzepts bestand in dem gerechten und verbindlich geregelten Ressourcenaustausch zwischen allen Ländern. Doch am Beispiel der Seerechtskonvention, die vor der CBD verabschiedet wurde, konnten die südlichen Akteure beobachten, wie ein Abkommen, das die Meeresbodenschätze zum gemeinsamen Erbe der Menschheit erklärte und eine gerechte Ressourcennutzung aller Länder garantieren sollte, von den Industriestaaten als Vorwand zum ungehinderten und eigennützigen Abbau der Meeresbodenschätze genutzt wurde (vgl. Flitner 1999: 66). Mit Rücksicht auf diese Erfahrung wurde das Prinzip des common heritage von vielen südlichen Ländern abgelehnt und stattdessen die nationale Souveränität über die genetischen Ressourcen gefordert. Nachdem das IU mit seinen weitreichenden Bestimmungen gescheitert war, stellte das im Jahr 2001 verabschiedete IT nur noch eine Minimalversion des IU dar. Der Ansatz des IU, die Rechte der LandwirtInnen zu stärken, alle Pflanzensorten in das multilaterale System zu integrieren und keine Patente auf diese PGR zu gewähren, ist vor allem an der Verhandlungsmacht der Industriestaaten und der Life Sciences-Industrie gescheitert. Besonders hinsichtlich der Frage, ob Patente auf PGR oder Teile der PGR möglich sind, die aus dem multilateralen System stammen, ist der IT sehr vage und bietet einen weiten Interpretationsspielraum. Von der Industrie wird dies gefordert, während KritikerInnen auf die Gefahr des langfristigen Abflusses des genetischen Materials („grain drain") hinweisen, da der Zugang zu dem Material durch Patente immer weiter eingeschränkt würde (vgl. Seiler 2003; Görg 2001a: 21). GRAIN (2001) stellte daher fest: „After all, what is the use of an agreement that aims to promote access to genetic resources while at the same time allowing restrictive property rights?" Die Bedeutung der LandwirtInnen für die Entwicklung und den Erhalt der Agrobiodiversität wird zwar weiterhin betont und die Farmers' Rights sind im Art. 9 IT vertraglich festgeschrieben, allerdings sind sie relativ schwach formuliert und der nationalen Gesetzgebung unterstellt: „... the final formula on Farmers' Rights boils down to a very weak statement of principles" (ebd.). Ebenfalls unklar ist, wie mit den Gewinnen umgegangen wird, die sich aus der Kommerzialisierung der PGR ergeben. So haben die Regierungen zwar betont, dass Unternehmen, die Gewinne auf Grundlage von PGR aus dem multilateralen System erzielen, benefit sharing leisten sollen. Doch wie dieses benefit sharing genau ausgestaltet wird und wie hoch der Anteil des Vorteilsausgleichs sein soll, bleibt offen. So konstatiert GRAIN (ebd.): „For those who expected the Treaty to create a strong and unambiguous international instrument to stop the further privatisation of crop genetic resources ... the conclusion has to be that it fails to do so."

5.5 Patentierte Natur und regulierte Biodiversität

Es kann festgestellt werden, dass sich in den Gesellschaften der Industrieländer bereits eine Normalisierung im Sinne einer Hegemonie des Gedankens der Inwertsetzung von Mensch und Natur durchgesetzt hat. Es ist gelungen, die auf neo-malthusianischen Vorstellungen basierenden Sichtweisen von der Notwendigkeit der Inwertsetzung und der Privatisierung als Interesse der Allgemeinheit zu universalisieren. Die Frage der Nicht-Kommerzialisierung von natürlichen Ressourcen und traditionellem Wissen wird auf internationaler Ebene praktisch nicht mehr thematisiert. Die Interessen der Life Sciences Industrie und der Industriestaaten konnten sich in Form eines globalen IPR-Systems durchsetzen. Gleichzeitig sind partiell die Interessen der weniger mächtigen Akteure, also der südlichen

Länder, der indigenen Völker und traditionellen LandwirtInnen, im Sinne eines aktiven Konsenses der Regierten (vgl. Kap. 3.2.3), berücksichtigt worden: Die südlichen Länder sind durch die Anerkennung der nationalen Souveränität über die sich in ihrem Land befindlichen genetischen Ressourcen zufrieden gestellt. Sie erhoffen sich durch das benefit sharing eine Beteiligung an den Leittechnologien im Bereich der Biotechnik. Und auch so manche traditionelle LandwirtInnen hoffen, über das benefit sharing an den Gewinnen der Industrie beteiligt zu werden.

Es zeichnet sich also eine postfordistische Regulation der Biodiversität ab, die die Probleme der „ursprünglichen Akkumulation", die der Fordismus bewirkte, „gelöst" hat. Es scheint nur noch eine Frage der Zeit zu sein, bis die Farmers' Rights vollständig an Bedeutung verlieren und die LandwirtInnen nur noch Saatgut anbauen dürfen, das entweder durch Sortenschutz oder Patente rechtlich geschützt ist oder als Terminator-Saatgut nicht mehr dazu taugt, als Saatgut weiterverwendet zu werden. Der Zugang zu den globalen pflanzengenetischen Ressourcen ist über die CBD und das IT gewährleistet und führt infolge des globalen IPR-Systems letztlich zur Privatisierung dieser Ressourcen. Die „Tragedy of the commons" (vgl. Kap. 3.2.1) wird in Bezug auf die Biodiversität überwunden, indem am Ende alle genetischen Ressourcen privatisiert bzw. an Instanzen übergeben wurden, die den Zugang garantieren. Im Sinne marktwirtschaftlicher Kriterien ist diese postfordistische Regulation der Biodiversität erfolgreich.

Aus gesellschaftskritischer Sicht ist diese Entwicklung äußerst besorgniserregend. Besonders die Konzentration von Wissen, genetischen Ressourcen und modernster Biotechnologie bei einigen wenigen Life Sciences-Unternehmen legt die Zukunft der landwirtschaftlichen Produktion in die Hände einiger weniger Akteure und führt zu einer immensen Machtkonzentration. Noch sind 80% des Saatgutmarktes nicht kommerzialisiert und in vielen südlichen Ländern liegt der Nachbauanteil noch bei fast 100% (vgl. Seiler 2000b: 37). Diese LandwirtInnen führen die traditionellen Züchtungsmethoden fort und garantieren so eine Vielfalt an Kulturpflanzen. Doch je mehr transnationale Unternehmen, unterstützt durch die Regierungen der Industrieländer, aber auch viele südliche Länder, in diesen Bereich eindringen, umso stärker wird der Nachbau über Gesetze, über Verträge und über gentechnische Veränderungen eingeschränkt. Und dies führt letztlich zu einer Einschränkung und einer Abnahme der Vielfalt an Nutz- und Kulturpflanzen.

Schlussbetrachtung und Ausblick

Ausgangspunkt war die Frage, wie sich Patente auf genetische Ressourcen auswirken. In Hinsicht auf die Komplexität und relative Neuheit des Themas ist eine Gesamtabschätzung der Auswirkung von Patenten auf genetische Ressourcen und eine Gesamtbewertung schwierig. Es können daher zum Abschluss nur Tendenzen in Form hypothesenhafter Aussagen aufgezeigt werden. Die Komplexität des Themas beruht auf der Überschneidung verschiedener Bereiche: Zum einen ist der Verlust von Biodiversität im Bereich der klassischen Umweltprobleme anzusiedeln. Zum zweiten haben die genetischen Ressourcen als Teil der Biodiversität auch einen direkten ökonomischen Wert, an dem verschiedene Akteure wie die Life Sciences-Industrie, Regierungen und lokale Gemeinschaften interessiert sind. Zum dritten ist eine Vielfalt an genetischen Ressourcen aber auch direkte Lebensgrundlage aller Menschen und besonders durch marginalisierte Menschen in den südlichen Ländern erhalten worden. Dieser dritte Punkt ist dann auch direkt mit dem Wissen und der Kultur dieser Menschen verknüpft.

Patente und andere geistige Eigentumsrechte setzen nun vor allem im ökonomischen Bereich an. Die Industrie investiert Geld in die Entwicklung von Medikamenten und Agrarprodukten und das jeweilige Unternehmen möchte dafür die ausschließlichen Vermarktungsrechte erhalten, die ihnen über Patente gewährleistet werden. Auch wenn dieser Ansatz aus marktwirtschaftlicher Sicht legitim bleibt, ist zu fragen, ob diese Patente auch zum Schutz dieser wichtigen genetischen Vielfalt beitragen. Die Life Sciences-Industrie bejaht diese Frage mit Verweis auf ihre umfangreichen Genbanken. Auch beteiligt sie zum Teil diejenigen Akteure, die für den Erhalt der Biodiversität verantwortlich sind, in Form von benefit sharing.

Der Ansatz der Industrie kann als ex situ-Konservierung in dreifacher Hinsicht bezeichnet werden. Erstens werden die genetischen Ressourcen in Genbanken eingelagert. Zum zweiten hat sie über Bioprospektion Zugang zu dem Wissen um die Anwendung der genetischen Ressourcen erhalten. Dieses Wissen wird auch konserviert und zwar in Form von Patenten. Zum dritten wird in gewissem Umfang versucht, die genetischen Ressourcen über on farm-Management zu erhalten. Doch alle drei Formen der Konservierung sind mit dem klassischen Problem konfrontiert, das mit ex situ-Konservierungen verbunden ist: Die konservierten Ressourcen sind losgelöst und abgetrennt worden von ihrem eigentlichen Entstehungskontext.

Das Problem der ex situ-Konservierung genetischer Ressourcen wurde bereits im ersten Kapitel benannt. Welche Probleme beinhalten nun aber die beiden anderen Formen der „Konservierung"? Das Wissen, das über Patente angeeignet und „konserviert" wird, wird abgetrennt von der Weiterentwicklung innerhalb des traditionellen Umfeldes und ist nur noch einer exklusiven Forschungsabteilung der jeweiligen Life Sciences-Unternehmen zugänglich. Das Wissen um die Biodiversität in seinen vielfältigen Facetten ist jedoch nicht in diesen Forschungsabteilungen entstanden. Dieses Wissen stammt meist von traditionellen Gemeinschaften, deren Umgang untereinander und mit der Natur von dem der Life Sciences-Gesellschaft abweicht. Diese Divergenz liegt aber nicht in einer vormodernen Naturverbundenheit, von der sich moderne Gesellschaften seit langem gelöst haben. Die Divergenz liegt vielmehr in dem fundamentalen Unterschied zwischen auf Kooperation und Kollektivität ausgerichteten Gesellschaften und Gesellschaften, die im Gegenteil gerade das Problem in der Kollektivität sehen und stattdessen Eigentumsrechte (an genetischen Ressourcen, an Wissen u.a.) als Standbein der modernen (und auch postmodernen) Gesellschaft propagieren.

Wenn also das Wissen, das verantwortlich für die biologische Vielfalt ist, von seiner ursprünglichen Umgebung losgelöst wird, geschieht das Gleiche wie bei den genetischen Ressourcen: Die ersten Jahre ist es gut verwendbar, insbesondere der direkte Zugang und die schnelle Zugriffsmöglichkeit sind von Vorteil. Doch da sich dieses Wissen genau wie die genetischen Ressourcen nicht mehr weiterentwickeln kann, da also dieses Wissen nicht mehr verfügbar für den freien Austausch zwischen den Menschen ist, wird es nach einiger Zeit an Wert verlieren und vielleicht schließlich wertlos sein.

Eine ähnliche Problematik ist beim on farm-Management zu nennen. Hier werden die Pflanzen in der freien Natur gehalten und es findet weiterhin eine natürliche Auslese an sich verändernde Umweltbedingungen statt. Doch auch diese Nutzpflanzen sind aus ihrer traditionellen kulturellen Umgebung entfernt worden. Denn die Agrobiodiversität zeichnet sich gerade dadurch aus, dass sie durch den Eingriff des Menschen, durch bestimmte Formen der Ressourcenbewirtschaftung, entstanden ist. Agrobiodiversität und gesellschaftliche Naturverhältnisse stehen in einem engen Austausch miteinander und gehören untrennbar zusammen. So passen sich die Pflanzen bei der on farm-Haltung zwar ihren jeweiligen Umweltbedingungen an, der Austausch zwischen Mensch und Nutzpflanze geht jedoch verloren bzw. wird durch einen anders gelagerten Austausch ersetzt. Denn nun sorgen nicht mehr traditionelle Gemeinschaften mit ihrem spezifischen kulturellen Hintergrund für die Erhaltung der Pflanzen, sondern GärtnerInnen und ForscherInnen mit einem anderen

Naturverständnis. Schließlich richten sich Unternehmen stark nach dem jeweiligen Marktwert der Pflanzen. Versprechen bestimmte Pflanzensorten keinen ökonomischen Gewinn, werden diese nicht weiter erhalten. Da aber die zukünftige Bedeutung von bestimmten Pflanzensorten nicht absehbar ist, werden diese im Zweifelsfall für kurzfristige Marktstrategien aufgegeben.

Bleibt noch die dritte Ebene, und somit die Frage, wie sich Patente auf die Menschen auswirken, die die biologische Vielfalt geschaffen und erhalten haben. Ein direkter Nutzen und Gewinn lässt sich rundweg verneinen, da diesen Menschen die Möglichkeit der Patentierung aus den verschiedenen in Kap. 5.2.2 dargestellten Gründen nicht zur Verfügung steht. Es stellt sich daher die Frage nach dem indirekten Nutzen. Im ersten Fallbeispiel des Neembaums ist dieser nicht zu finden. Den Menschen wird vielmehr die Anwendung von Methoden und der Vertrieb und Export von Produkten verboten, die sie seit vielen Generationen verwenden und verkaufen.

Im zweiten Fallbeispiel argumentieren die Verantwortlichen für das Projekt ICBG-Maya, die Menschen deshalb von der Patentierung profitierten, weil sie einen Vorteilsausgleich erhalten sollen. Doch COMPITCH, als Vertretung der indigenen Menschen in Chiapas, verspricht sich wenig von diesem benefit sharing. Auch wenn es Geld geben sollte und auch wenn einige botanische Gärten angelegt würden, hat das wenig mit den Verhältnissen zu tun, in denen diese Menschen leben. Denn diese Menschen sind arm, sind der marginalisierte Teil der Bevölkerung Mexikos, werden militärisch unterdrückt und haben kaum politische und kulturelle Rechte und keine Rechte auf das Territorium, auf dem sie leben, und auf die sich auf diesem Gebiet befindlichen Ressourcen. Ein monetärer Vorteilsausgleich würde daran nichts ändern und im Zweifelsfall zu Auseinandersetzungen der Menschen untereinander führen.

Im dritten Fallbeispiel der Nachbaugebühren wird den LandwirtInnen erst gar kein benefit sharing versprochen, sondern ihnen von den ZüchterInnen die Rechte auf Nachbau abgesprochen. Allein die Aussage, die ZüchterInnen trügen schon um die Sortenvielfalt Sorge, soll ausreichen, damit die LandwirtInnen auf ihre Rechte bezüglich des Saatguts verzichten und die Zukunft der landwirtschaftlichen Vielfalt aus den Händen geben. Bleibt zu fragen, ob die LandwirtInnen nicht schon längst den Einfluss auf die Saatgutproduktion und die Sortenvielfalt verloren haben. Zumindest besteht aber über die Möglichkeit des Nachbaus theoretisch die Option, eine eigene Saatgutproduktion zu entwickeln. Wird diese Möglichkeit den LandwirtInnen mehr und mehr genommen, dann dient das nicht ihrem Wohl.

Im Ergebnis tragen Patente also nicht zum Schutz der genetischen Vielfalt bei. Vielmehr wird durch Patente genetisches Material und das Wissen um dieses privatisiert und in den Händen von einigen wenigen transnationalen Life Sciences-Unternehmen monopolisiert. Diese Unternehmen richten ihr Handeln aber nach rein marktwirtschaftlichen Prinzipien aus, die im Zweifelsfall nicht zu einem Schutz von biologischer Vielfalt beitragen, sondern im Gegenteil die Zerstörung von Natur und Biodiversität fortsetzen. Denn der Verlust von biologischer Vielfalt ist nicht naturgegeben, sondern basiert gerade auf den Modernisierungsstrategien von Regierungen und Unternehmen, die auf die Inwertsetzung und Kapitalisierung von Mensch und Natur setzen.

Es ergeben sich verschiedene Fragen, die weiterverfolgt werden müssten. So stellt sich die Frage, wie es zu einem Schutz von biologischer Vielfalt kommen und der fortdauernde Verlust der Biodiversität gestoppt werden kann. Hier müssten weitere Forschungsanstrengungen ansetzen. Das IU, als einziges Abkommen, das eine Alternative hätte bieten können, da es sich gegen die Patentierung genetischer Ressourcen und für eine Stärkung der Rechte von LandwirtInnen einsetzte, scheiterte an den globalen Macht- und Hegemonieverhältnissen. Alternativen können sich also nicht auf die bestehenden Abkommen stützen, sondern müssen sich auf die Stärkung derjenigen Akteure konzentrieren, die für die biologische Vielfalt verantwortlich sind. Eine Stärkung kann aber nur heißen, dass diesen Akteuren politische, kulturelle und territoriale Rechte zugesprochen werden. Es handelt sich hierbei nicht um ein Zurück zu einer wie auch immer gestalteten vormodernen Gesellschaft. Vielmehr geht es darum, vorherrschende Prinzipien im Sinne neo-malthusianischer und rein marktwirtschaftlich-orientierter Ansätze kritisch zu hinterfragen. Auf Kooperation statt auf Ausschluss und auf gemeinschaftliche Güter statt auf private Eigentumsrechte zu setzen, bedeutet, die vorherrschenden Macht- und Hegemonieverhältnisse in Frage zu stellen.

Offen geblieben ist auch, wie es zu einer stärkeren Verknüpfung von Natur- und Geisteswissenschaften kommen kann. Denn es sollte gezeigt werden, dass sich Naturschutz nicht auf klassischen Umweltschutz im Sinne einer Trennung von Natur und Gesellschaft beschränken darf und kann. Mit dem Konzept der gesellschaftlichen Naturverhältnisse und der politisierten Umwelt sind Grundlagen gelegt, die stärker ausgebaut werden müssten.

Natur und Gesellschaft hängen untrennbar zusammen und ein Naturschutz auf der Höhe der Zeit muss die jeweiligen gesellschaftlichen Naturverhältnisse berücksichtigen, einbeziehen und kritisch betrachten. Naturschutz kann nur funktionieren, wenn auch Gesellschaftskritik in die naturschützerische Arbeit einbezogen wird. Denn Naturzerstörung basiert auf gesellschaftlichen Umgangsweisen mit der Natur und letztlich auch auf dem Umgang der Menschen miteinander. Oder mit den Worten von Christoph Görg (2003: 301): „Gestaltung der Naturverhältnisse meint dann aber gerade nicht die Ausrichtung an einem pragmatischen Management der Probleme, sondern die Infragestellung der symbolischen wie der normativen Leitvorstellungen in der Inwertsetzung der Natur, in mehr oder weniger direkter Konfrontation mit den Kräften, die diese voranzutreiben suchen." Auch wenn es in der heutigen Zeit äußerst schwierig scheint, alternative Ansätze zu verfolgen, die nicht vor allem die Kommerzialisierung von Bestandteilen der Natur im Sinn haben, gibt es doch keine andere Möglichkeit, als sich dieser Aufgabe immer wieder anzunehmen.

Anmerkungen

1   In der deutschen Literatur werden die Begriffe „biologische Vielfalt" und „Biodiversität" synonym verwendet, wobei sich letzterer in der wissenschaftlichen Literatur immer stärker durchsetzt.

2   Es gibt einige Quellen, nach denen der Begriff bereits auf den Naturschutzbiologen Norman Myers 1979 zurückgehen soll (vgl. Potthast 1996).

3   www.biodiv.org

4   Wissenschaftlicher Beirat Globale Umweltveränderungen der BRD.

5   Die Taxonomie ordnet die Organismen in ein biologisches System ein.

6   Der Begriff „Biom" beschreibt verschiedene Lebensgemeinschaften auf der Basis der charakteristischen Vegetation (vgl. Begon et al. 1998: 17).

7   Die 20 Aminosäuren können zu etwa 10-11 verschiedenen Proteinen kombiniert werden.

8   Bislang wird die „Ein-Gen-ein-Enzym"-Hypothese oder erweitert, die „Ein-Gen-ein-Protein"-Hypothese am stärksten favorisiert (vgl. Hennig 1998: 248f.). Sie besagt, dass diejenigen Abschnitte einer DNA als Gen angesehen werden können, die zur Synthese eines Enzyms bzw. eines Proteins führen. Der Begriff „Gen" wird daher hinsichtlich seiner zellulären Funktion beschrieben. Allerdings ist es bisher unmöglich, auf der molekularen Ebene festzulegen, welche Abschnitte genau eine Auswirkung auf die Codierung eines bestimmten Proteins haben und welche nicht. So stellt Hennig (1998: 451) fest: „Eine einfache allgemein gültige molekulare Definition eines Gens ist nicht möglich."

9   Als Genotyp (Genmerkmale) werden alle genetischen Merkmale bezeichnet, welche die Struktur und die Funktion eines Organismus bestimmen.

10 Beim morphologisch-anatomischen Artbegriff, wie er beispielsweise in der Taxonomie Verwendung findet, bestimmt die Morphologie (die Gestalt und Merkmale der Art) die Einteilung der Arten. Das morphologische Artkonzept hat den Nachteil, dass Arten hiernach schwerlich als Ergebnis evolutionärer Umbildungen gesehen werden können. Wenn sich nämlich eine Art evolutiv so weit fortentwickelt hat, dass ihre Merkmale mit der Ursprungspopulation nur noch in begrenztem Maße übereinstimmen und eine Art durch die Übereinstimmung ihrer Merkmale charakterisiert ist, liegt nach diesem Konzept eine neue Art vor. An Stelle von einer Generationsabfolge ist dann von einer Artenabfolge zu sprechen (vgl. Hertler 1999: 42f. und AG Biopolitik 1998: 177f.). Im biologischen Artbegriff werden Arten als durch Fortpflanzungsbarrieren abgeschlossene Fortpflanzungsgemeinschaften definiert, deren Individuen unter

natürlichen Bedingungen miteinander fruchtbar kreuzbar sind und fertile Nachkommen erzeugen (Kreuzungsausschluss). Dieses Konzept hat sich heute als tragfähiger wissenschaftlicher Ansatz durchgesetzt. Allerdings ist dieser Artbegriff nur bei biparentalen Organismen anwendbar, bei uniparentalen oder asexueller Fortpflanzung greift das Konzept zu kurz (vgl. Kunz 2002: 10ff.). Für weitere Artkonzepte vgl. Gutmann 1996.

11 Welche Kriterien schließlich eine Population charakterisieren, ist von Art zu Art und von Untersuchung zu Untersuchung unterschiedlich. Wie Begon et al. erläutern, wird häufig die Grenze einer Population willkürlich festgelegt (vgl. Begon et al. 1998: 92ff.).

12 Begon et al. (1998: 601) unterscheiden zwischen Artendiversität und Artenreichtum. Demnach beschreibt Artenreichtum die Anzahl der Arten in einem bestimmten Gebiet. Artendiversität beschreibt zusätzlich die Verteilungsmuster der Individuen.

13 Die Schätzungen der weltweiten Artenanzahl bewegen sich zwischen 3-10 Millionen (Council of Environmental Quality 1980), 5-30 Millionen (Wilson 1992), 5-50 Millionen (McNeely 1990) und 2-100 Millionen (WRI/IUCN/UNEP (1992) (s.a. Pohl 2003: 59ff.).

14 Wird z.B. die allgemeine Beobachtung, dass auf jede Säugetier- und Vogelart der gemäßigten und borealen Klimazone zwei Arten in den tropischen Regionen zu finden sind, auch auf Insekten angewendet, errechnet sich ein Wert von weltweit ca. 5-8 Mio. Arten. Bei Untersuchungen der Laubdächer verschiedener tropischer Baumarten sind pro Baumart jeweils etwa 1.000 neue Arthropodenarten (Gliederfüßlerarten) entdeckt worden, wobei es ca. 50.000 Baumarten in der tropischen Klimazone gibt. Wird diese Beobachtung hochgerechnet, ergibt sich allein für Arthropoden ein Wert von ca. 30 Mio. Arten (vgl. Begon et al. 1998: 621f.).

15 Es wird zwischen sympatrischer und allopatrischer Speziation unterschieden. Bei der sympatrischen Artbildung entsteht eine neue Art innerhalb des Verbreitungsgebiets der Ausgangspopulation, also ohne geographische Isolation, in Folge einer sexuellen Isolation. Bei der allopatrischen Speziation entsteht eine neue Art durch die Isolation einer Population von der Ausgangspopulation durch eine physikalische (geographische) und damit reproduktive Barriere (vgl. Schubert/Wagner 1993).

16 In den letzten 600 Mio. Jahren, also seit Entstehung einer breiten Vielfalt an Arten, soll es zu fünf größeren Aussterbeereignissen gekommen sein. Nach bisherigen Erkenntnissen werden diese Ereignisse jedoch durch das heutige Maß an Artensterben übertroffen (vgl. WBGU 2000: 37ff.).

17 Die Anfänge des Ackerbaus und der Tierhaltung hatten ihren Ursprung in China, im Nahen Osten, im südlichen Mexiko und im Andenraum (vgl. Wolters 1995: 15f.).

18 Durch die mosaikartige Struktur von Wald und landwirtschaftlich genutzter Fläche kam es zu einer Zunahme der Biodiversität, die in Deutschland wahrscheinlich zu Beginn des Hochmittelalters ihren Höhepunkt erreichte (vgl. ebd.).

19 Als „Unkräuter" werden wild vorkommende, meist vom Menschen unerwünschte Pflanzen benannt, die in den vom Menschen angelegten Kulturpflanzengemeinschaften auftreten und das Wachstum der Kulturpflanzen behindern (da aber Unkräuter ökologisch wertvoll sein können, wird stattdessen auch der Begriff „Beikräuter" verwendet).

20 Als Klone werden Individuen bezeichnet, die durch vegetative Vermehrung eines Individuums entstanden sind und die gleiche Erbmasse besitzen (vgl. Schubert/Wagner 1993: 278).

21 Durch die Pflanzenzüchtung entstanden beispielsweise mehrere tausend Kartoffelsorten mit unterschiedlichen Eigenschaften, die alle der gleichen Art Solanum tuberosum L. angehören.

22 Das verspätete Abfallen der Karyopsen ist normalerweise eine ineffiziente Saatgutverbreitung und so für die Pflanze eher von Nachteil.

23 Bei der planmäßigen Massenauslese verlaufen die evolutionären Veränderungen des Saatguts relativ langsam und die ausgelesenen Populationen sind recht uneinheitlich, da die Auslese sich am Phänotyp (Erscheinungsbild) und nicht am Genotyp (Summe aller Gene) orientiert. Gleichzeitig entsteht durch diese Form der Auslese eine hohe Agrobiodiversität (vgl. Schwanitz 1967: 314ff.).

24 In Deutschland beispielsweise spielen Landsorten im praktischen Ackerbau kaum eine Rolle. Allerdings gibt es beim Obstanbau verschiedene Landsorten. Seit einiger Zeit wird im ökologischen Anbau verstärkt Eigennachbau betrieben, um standortangepasste Sorten zu erhalten (vgl. BML 1995: 18f.).

25 May et al. (1995) gehen hingegen von einer „natürlichen" Aussterberate von 1-3 Arten pro Jahr aus.

26 Die Angaben zur Gefährdungssituation sind extrem unsicher und der Gefährdungsgrad ist in den verschiedenen Ländern unterschiedlich gut erforscht. In Ländern, in denen die Arten bisher nur mangelhaft erfasst sind, wie beispielsweise in Kolumbien oder Indonesien, kann der Gefährdungsgrad nur sehr grob abgeschätzt werden (vgl. WBGU 2000: 40).

27 Als Degradation werden Veränderungen von Landschaften und Ökosystemen bezeichnet, die zum Verlust von ökologischen Funktionen und ökologischen Nischen führen. Auch wird damit eine Abwertung von Böden allgemein bezeichnet. In Bezug auf die Landwirtschaft wäre das beispielsweise die Abwertung eines fruchtbaren zu einem unfruchtbaren Boden (weitere Erklärungen im Text).

28 Die Degradation kann unterteilt werden in a) Fragmentierung von Ökosystemen, also die räumliche Zergliederung in kleine, getrenn-

te Teilflächen; b) Schädigung von Ökosystemstruktur und -funktionen, worunter der Verlust von funktionellen Komponenten eines Systems zu verstehen ist; c) Stoffliche Überlastung von Ökosystemen mit bestimmten Stoffen.

29 Als Kriterien wurden die Vegetation (primär- und sekundär-, Art der Land- und Forstwirtschaft), die Bevölkerungsdichte, menschliche Besiedelung und Landdegradation berücksichtigt.

30 Gänzlich unbeeinflusste Gebiete gibt es praktisch nicht, da sich beispielsweise der Klimawandel oder die verstärkte Sonneneinstrahlung durch Abnahme der Ozonschicht weltweit auswirken.

31 Der Begriff „Hochleistungssorten" bedeutet nicht, dass diese Sorten von sich aus einen hohen Ertrag hätten. Vielmehr können diese Sorten optimal auf intensiven Betriebsmitteleinsatz, wie z.B. Düngemittel, mit hohen Erträgen reagieren (vgl. Clar 1999: 52).

32 Allerdings ist die Zahl der zugelassenen Sorten ungleich höher (ebd.).

33 Für eine kritische Betrachtung der Sortenzahlen vgl. Flitner 1995: 82f.

34 Eine Übersicht über die Dimension dieses Verlustes an Pflanzensorten bieten Mooney und Fowler (1991: 83ff.).

35 Für ausführliche Darstellungen der Problematik um die Grüne Revolution s. z.B. Mooney/Fowler 1991; Clar 1999, 2002a; WGBU 2000; Klaffenböck et al. 2001.

36 Neben dem Verlust der Agrobiodiversität durch Homogenisierung des Saatguts kam es durch die Umstellung der landwirtschaftlichen Produktion häufig zu Wasserknappheit, einer Versalzung und Degradation der Böden und Pestizidvergiftungen (vgl. Pelegrina 2001: 31ff.).

37 Der Zeitpunkt x_1 ist also für jedes Land und genau genommen für jede Region unterschiedlich, je nachdem, zu welchem Zeitpunkt die Industrialisierung der Landwirtschaft einsetzte.

38 Unter den Begriff der „Life Sciences Industrie" fallen jene biotechnologischen Bereiche der Pharma- und Agrarbranchen sowie der Tiermedizin, die mit Methoden aus der Bio- und Gentechnologie arbeiten (vgl. Heins 2000: 132 und Kap. 3.2.3.2).

39 Wie Flitner (1995: 55f.) erläutert, war Vavilov nicht der erste, der herausstellte, dass es Zentren hoher Artenvielfalt gebe. Allerdings hatte niemand vor ihm diese Untersuchungen so umfangreich und systematisch durchgeführt.

40 An dieser Stelle sollen kurz die Begriffe „nördliche" wie „südliche" Länder diskutiert werden. Nicht alle Länder des Südens sind Rohstofflieferanten, genauso wenig wie alle Länder des Nordens Industrieländer sind und dieselben Interessen etwa im Hinblick auf die genetischen Ressourcen haben. Gleichwohl stammen die meisten Sammlungen der Agrarforschungszentren aus den südlichen, ärmeren Regionen, den so genannten „Entwicklungsländern" und liegen die meisten Industrieländer im geographischen Norden. Die

Benutzung dieses Begriffpaars spiegelt damit den Kern der politischen Auseinandersetzung wider, meint also den „politischen Norden" wie den „politischen Süden" (s.a. Kap. 3.2.3.3).

41 Es wurden jeweils die Mengen aller Wirbeltiere, höherer Pflanzen und bestimmter Schmetterlinge (Schwalbenschwänze) zusammengezählt. Ob diese Arten endemisch sind, wurde dabei nicht berücksichtigt (vgl. Wolters 1995: 20).

42 Für eine ausführliche Darstellung der verschiedenen Ansätze siehe Flitner (1995: 199ff.).

43 Biotechnologien sind Methoden der technischen Nutzbarmachung biologischer Vorgänge, worunter auch die Gentechnologie fällt (vgl. Kap. 2.1.2).

44 Als Bioprospektion wird allgemein das Sammeln, Archivieren und schließlich Aufarbeiten des biologischen Materials bezeichnet (s. Kap. 2.1.1).

45 Die Mataatua-Declaration ist das Abschlussdokument der Konferenz zum Thema kultureller und intellektueller Rechte indigener Völker, die 1993 unter der Schirmherrschaft der UN stattfand, aotearoa.wellington.net.nz/imp/mata.htm.

46 Kulturelle Diversität wird hier, nach einer von Durning (1992) veröffentlichten Studie, anhand der im Land gesprochenen Sprachen definiert. Demnach besitzt ein Land eine hohe kulturelle Diversität, wenn in diesem Land mehr als 200 Sprachen gesprochen werden.

47 Auf den Erhalt von natürlicher Biodiversität und die Diskussionen um Naturschutzgebiete wird hier nicht weiter eingegangen. Verwiesen sei z.B. auf: WBGU (2000: 144ff.), Primack (1995: 361ff.).

48 Genbanken sind Räumlichkeiten, in denen Saatgut getrocknet und gekühlt wird und über viele Jahre relativ schadlos eingelagert werden kann (vgl. Heins/Flitner 1998: 20).

49 Die CGIAR steht seit 1994 unter der Schirmherrschaft der UN Organisation für Landwirtschaft und Ernährung (engl. FAO). S.a. Kap. 3.2.3.3 (kritisch zur Rolle der CGIAR z.B.: Clar 1999: 50ff.; Gura 2002, 1ff.).

50 Anfang der 1970er Jahre hatten die Industrieländer in der so genannten „Ölkrise" die Abhängigkeit von der Organization of the Petroleum Exporting Countries (OPEC) erfahren müssen (vgl. Clar 1999: 64).

51 In diesem Buch wird nur die Bedeutung von Patenten in Bezug auf die Patentierung genetischer Ressourcen thematisiert. Doch auch in anderen Technologiebereichen ist die Bedeutung von Patenten angestiegen. Die größten Zuwachsraten hat es laut Pressedienst dpa neben der Datenverarbeitung in der Biochemie und der Gentechnik gegeben. In diesen Bereichen stieg die Zahl der Anträge im Jahr 2001 um 23,4 Prozent gegenüber dem Vorjahr (vgl. dpa 2001).

52 Das erste Patent auf nicht gentechnisch veränderte Pflanzen wurde 1982, auf gentechnisch veränderte Pflanzen 1981 beim EPO beantragt (vgl. Kap. 2.1.2 und Kein Patent auf Leben 2002).

53 Unter einer biotechnologischen Methode wird die Anwendung biologischer Systeme in technischen Verfahren industriellen Ausmaßes mit dem Ziel der Produktsynthese oder Stoffwandlung verstanden (vgl. Weide/Paca/Knorre 1991: 15).

54 Screening oder auch „High-Throughput-Screenings" bezeichnet ein Verfahren, das durch rechnergesteuerte Roboteranlagen in relativ kurzer Zeit viele chemische Verbindungen auf ihre biologische Wirkung hin experimentell prüft. Durch dieses relativ neue Verfahren der Biotechnologien bzw. der synthetischen Chemie wurde das Auffinden von für die Medizin interessanten Substanzen aus einer großen Anzahl an Proben erheblich erleichtert (vgl. WBGU 1996: 177).

55 Zu den Methoden gehören z.B. Zell- und Gewebekulturverfahren, Fermentations- und Enzymtechniken sowie Genmanipulation, Genübertragung und Klonierungen durch direkte Eingriffe in Gensubstanzen aus dem Bereich der Gentechnik (ebd.)

56 Es werden verschiedenste Hoffnungen in die Gentechnologie gesetzt, z.B. die verbesserte Immunität gegen Parasitenbefall, eine Erhöhung des Nährwerts von Pflanzen und Tieren, eine Minimierung von Schadstoffen, Vermehrung des Fruchtzyklus, Ertragsoptimierung, erhöhte ökologische Anbaubarkeit, längere Lagerfähigkeit und einiges mehr.

57 Beispiele solcher Verfahren: Alle gentechnischen Verfahren; Marker gestützte Selektion; Hormon-Behandlungen von Pflanzen, Gewebekulturen, Teilen von Pflanzen; Züchtungen zu hybriden Pflanzen; chemische Mutagenese; Gewebekulturen, aus denen Pflanzen regeneriert werden (Kein Patent auf Leben 2002)

58 Gentechnik insgesamt meint alle WO- und EPO-Patentanmeldungen, die gentechnologische Verfahren beinhalten, bei Pflanzen, Tieren, menschlichen Gensequenzen, Stammzellen, Medikamenten und der Gentherapie.

59 Dieser Unterschied liegt an der relativ langen Bearbeitungszeit, die zwischen einer Anmeldung und der Erteilung von Patenten liegt, und auch daran, dass ein Teil der Patentanmeldungen zurückgewiesen oder zurückgezogen wird. Die Zeit zwischen Anmeldung und Erteilung beträgt 2-12 Jahre, selten kürzer oder länger, im Durchschnitt 3-4 Jahre (vgl. Tippe 2002a).

60 Eine Ausnahme stellen mikrobiologische Verfahren und die mit Hilfe dieser Verfahren gewonnenen Erzeugnisse dar.

61 Wird das Geistige Eigentum als Naturrecht qualifiziert, ist allerdings nicht zu erklären, wieso es zu einer zeitlichen Begrenzung der Patente kommt und wieso ZweiterfinderInnen völlig vernachlässigt werden (vgl. Machlup 1964: 242).

62 Dieses Argument greift Burge (1984: 27) unter Verweis auf Alexander Fleming, dem Entdecker von Penicillin (1929) auf; der weigerte sich, ein Patent anzumelden, damit die Kommerzialisierung von Penicillin ohne monopolistische Rechte ablaufen könnte. Als Resultat wollte 14 Jahre lang kein kommerzieller Hersteller in die notwendigen Mittel investieren, damit das Präparat gereinigt und kommerzialisiert werden konnte.

63 Diese Zahlen basieren auf sehr groben Schätzungen und hängen in hohem Maße von den Marktentwicklungen der jeweiligen Jahre ab. Zudem beziehen sich die Zahlen auf den industriellen Sektor und schließen nicht die Summen ein, die sich beispielsweise aus der Nutzung genetischer Ressourcen in der Subsistenzwirtschaft ergeben (vgl. ten Kate/Laird 1999:1).

64 Die alte Diskussion, wie denn der Wert einer Ware zu bestimmen sei, kann an dieser Stelle nicht geführt werden. Vertiefend sei verwiesen auf Altvater (1986, 1991, 1999), Pernicka (2001) und Brand (2000: 132ff.).

65 Benannt nach dem Angestellten von General Electric's Ananda Mohan Chakrabarty. Chakrabarty hatte 1971 ein ölfressendes Bakterium entwickelt, das aus einer Mischung von Genotypen dreier Bakterien bestand, die in ein viertes eingeschleust worden waren. Nachdem die Patentanmeldung 1971 erst zurückgewiesen worden war, wurde neun Jahre lang ein Rechtsstreit geführt, an dessen Ende 1980 die Patentierbarkeit zugesprochen wurde (vgl. Wörner 2000: 22).

66 Es handelte sich um eine transgene Krebsmaus, die durch einen gentechnischen Eingriff in die Erbinfor-mation dahingehend verändert worden war, dass sie anfälliger auf bestimmte Krebs erregende Stoffe reagierte (vgl. Steenwarber 2001: 121).

67 Das GATT, im Rahmen der Bretton-Woods Verträge erarbeitet und seit 1948 umgesetzt, war mehr eine vorläufige Minimalversion einer Welthandelsordnung. Im Gegensatz dazu ist „die WTO ... bereits Ausdruck eines globalen Wirtschaftssystems" (Altvater/Mahnkopf 1999: 396).

68 Nach Interpretation des EPO handelt es sich bei Mikroorganismen um alle lebenden Einheiten unterhalb der Sichtbarkeitsgrenze. Es werden daher rechtlich auch pflanzliche, tierische und menschliche Zellen als Mikroorganismen behandelt. Allerdings muss dieser Rechtsprechung nicht gefolgt werden (vgl. Seiler 2000a: 24f.).

69 Genauer: Alle Methoden der Auslese von Mutanten oder somaklonaler Abweichlern, Rückkreuzung und gentechnische Veränderungen (Art. 14/5 UPOV-Akte 1991)

70 Die Convention on Wetlands of International Importance especially as Waterfowl Habitat entstand 1971 in Ramsar (Iran) und wird daher Ramsar-Konvention genannt. Sie soll die fortschreitenden Übergriffe

auf Feuchtgebiete und deren Verlust in Gegenwart und Zukunft begrenzen (vgl. Internetadresse www.ramsar.org).

71 Die Convention on International Trade in Endangered Species of Wild Fauna and Flora (CITES) entstand 1973 zur Überwachung und Beschränkung des internationalen Handels mit gefährdeten Tier- und Pflanzenarten und unterbindet ihn für vom Aussterben bedrohte Arten (vgl. Internetadresse www.cites.ec.gc.ca).

72 Dies geschieht beispielsweise in dem Buch von Ulrich Beck (1986), wenn dieser von einer globalen Risikogesellschaft schreibt und das Problem der globalen Reichtumsverteilung durch eine globale Risikoverteilung ersetzt sieht.

73 Ob es sich um eine einheitliche „Theorie" oder eher um einen „Ansatz" der Regulation handelt, ist in Anbetracht der thematischen wie konzeptionellen Vielfalt der Publikationen strittig (vgl. Görg 1994: 29 und Brand/Raza 2003)

74 Auf eine ausführliche Darstellung der Regulationstheorie muss an dieser Stelle verzichtet werden. Verwiesen sei z.B. auf Aglietta (1976; 2000), Esser et al. (1994), Hirsch (1990, 1995), Hübner (1989), Jessop (1990), Lipietz (1987; 1992a).

75 Der Taylorismus ist eine auf Frederick W. Taylor zurückgehende wissenschaftliche Betriebsführung, die durch Zeit- und Bewegungsoptimierungen der Arbeitsabläufe in den Betrieben eine Steigerung von Produktivität und Löhnen erreichen soll (vgl. Holtmann 1994: 643).

76 Die Technik findet besonders bei Mais, Roggen und Zuckerrüben Anwendung. Bei Mais gibt es in Deutschland fast keine anderen Sorten mehr. Auch bei Roggen haben sich die Hybriden durchgesetzt, es gibt aber noch nicht hybride Sorten (vgl. Bauer 1993: 13).

77 Auch sind die Hybride generell anfälliger für Pflanzenkrankheiten, da sie durch Inzucht nur eine schmale genetische Basis besitzen (ebd.).

78 Clar (2002: 39f.) führt aus, dass es durchaus Alternativen zur Hybridzüchtung gegeben hätte. Doch von den Saatgutfirmen wurde vor allem die Hybridzüchtung favorisiert, da diese Methode, wie oben ausgeführt, den Nachbau unattraktiv werden lässt.

79 Welche Faktoren genau die Krise des Fordismus ausgelöst haben, ist umstritten (vgl. Brand et al. 2000: 57).

80 Hierbei handelt es sich weder um einen deterministischen noch um einen oligokausalen Prozess.

81 Letztlich kann die Krise des Fordismus und die Entwicklung neuer Technologien als ein sich gegenseitig beeinflussender und bedingender Prozess angesehen werden. Durch die Krise kam es demnach zum einen zur Entwicklung der neuen Technologien, zum anderen hat die Entwicklung der neuen Technologie auf die Krise zurückgewirkt und diese verstärkt. Lipietz (1992b: 9ff.) geht allerdings

von einer stärkeren Bedeutung der Produktionverhältnisse (Eigentums-, Staats- und Rechtsverhältnisse) aus, da seiner Meinung nach die Produktionverhältnisse die Produktivkräfte (technologische Entwicklungen, menschliche Arbeitsfertigkeit) determinieren und nicht umgekehrt.

82 Es ist allerdings anzumerken, dass die Regulationstheorie theoretische Defizite durch ihre bisher weitgehende Beschränkung auf den nationalstaatlichen Rahmen hat und sich daraus Probleme ableiten, die Strukturen des globalen Kapitalismus zu erfassen (vgl. Hirsch 2001: 171).

83 Im Neoliberalismus orientiert sich gesellschaftliches Handeln vor allem an Kriterien wie Effizienz, Wettbewerbsfähigkeit und Weltmarktorientierung. Staatliches Handeln wird v.a. auf die Sicherstellung eines möglichst freien Wettbewerbs reduziert (vgl. Brand et al. 2000: 58ff.).

84 Zu den internationalen Agrarforschungszentren gehört z.B. das in den 1960er Jahren von der Rockefeller Foundation und der Ford Foundation gegründete International Rice Research Institute auf den Philippinen, das Centro Internacional de Mejoramiento de Maíz y Trigo in Mexiko, das Centro Internacional de Agricultura Tropical in Kolumbien und das International Institute for Tropical Agriculture in Nigeria (vgl. Sprenger et al. 1996: 42f.).

85 Der Bedarf an neuen genetischen Ressourcen liegt bei etwa jährlich 7% des bereits bestehenden Pools an Material (vgl. Heins 2000: 144).

86 Inwieweit die Regulationstheorie die sich neu herausbildenden Strukturen einer nachfordistischen Gesellschaft umfassend erfassen kann, ist noch unklar (vgl. Brand/Raza 2003).

87 Es ist gekennzeichnet durch eine Präkarisierung der Lohnverhältnisse, neue Formen der Subsistenzproduktion und Einschränkung bzw. Privatisierung der sozialstaatlichen Sicherheitssysteme (ebd.).

88 Das hängt nach Wolff (1996: 50) damit zusammen, dass die Kosten für Forschung und Entwicklung für eine neue Saatgutsorte bei etwa 2 Mio US-Dollar liegen, die Kosten für ein neues Herbizid jedoch etwa 40 Mio US-Dollar betragen. Es ist demnach billiger, eine Sorte an ein bestehendes Herbizid anzupassen, als neue Herbizide zu entwickeln.

89 So werden in den unterschiedlichen Arbeiten innerhalb der Politischen Ökologie Methoden und Ansätze aus der Geographie, der Politologie, der Biologie, der Soziologie, der Rechtswissenschaften, der Philosophie und den Volks- und Betriebswirtschaftslehren verwendet. Besonders stark ist der Einfluss der Politischen Ökonomie.

90 Diese Denkmuster basieren auf Sichtweisen, die auf Thomas R. Malthus (1766 – 1834) zurückzuführen sind. Malthus war Priester und Nationalökonom und lebte im 18. Jahrhundert. Er beschrieb

das Problem eines exponentiellen Wachstums der Bevölkerung einerseits und einer nur in begrenztem Maße steigerbaren Nahrungsmittelproduktion auf der anderen Seite (vgl. Wrigley 1986).

91 Beispielhaft für diese Sichtweise seien folgende Autoren benannt: Ehrlich (1968); Hardin (1968); Meadows et al. (1972).

92 Des Weiteren postuliert Hardin (ebd.: 138) eine restriktive Bevölkerungskontrolle, um dem übermäßigen Ressourcenverbrauch des Menschen „Herr" zu werden.

93 Das Konzept der „gesellschaftlichen Naturverhältnisse" stammt aus der Soziologie und ist Mitte der 1980er Jahre in Frankfurt am Institut für sozial-ökologische Forschung entwickelt worden.

94 Das Konzept der politisierten Umwelt stammt von Autoren der Politischen Ökologie und wurde vor allem von Bryant und Bailey ausgearbeitet (vgl. dies. 1997: 27ff.).

95 Zur näheren Begriffsbestimmung siehe z.B. Foucault (1978) und Rolshausen (1997)

96 Ausführliche Klärungen des Hegemoniebegriffs finden sich z.B. bei Borg (2001b) und Sablowski (1994: 133ff.).

97 Als Hegemon (griechisch) wurde ein Fürst bezeichnet, der über andere Fürsten herrschte.

98 Im Jahr 2000 hat z.B. BASF für 3,8 Milliarden US-Dollar das Pflanzenschutzgeschäft von American Home Products gekauft. Novartis und Astra-Zeneca haben ihre Agrarsparten zum Marktführer Syngenta fusioniert und Bayer hat 2002 für 7,25 Milliarden Euro Aventis CropScience übernommen (vgl. Dolata 2003).

99 So haben Novartis und Astra-Zeneca ihre Agrarsparten in das neu gegründete Unternehmen Syngenta ausgelagert, Aventis hat seinen Agrarbereich an Bayer verkauft und Pharmacia hat den erst 1999 erworbenen Konzern Monsanto 2002 wieder abgestoßen (vgl. Dolata 2003).

100 Anzumerken ist, dass sich die Interessen der einzelnen Konzerne an genetischen Ressourcen unterscheiden, je nachdem, in welcher Branche sie sich befinden (ausführlicher siehe ten Kate/Laird 1999: Pharmaindustrie S. 34ff.; Agroindustrie S. 117ff.; Kosmetikindustrie S. 262ff.).

101 Auf diese Veränderungsprozesse kann hier nicht weiter eingegangen werden. Verwiesen sei auf Hirsch et al. (2001), Brand et al. (2000), Esser et al. (1994).

102 Auch wenn das zugrunde liegende Zahlenmaterial bereits etwas älter ist, dürfte sich dieses Verhältnis in den letzten 15 Jahren nicht signifikant verschoben haben.

103 Als „soziale Bewegung" wird nach Rammstedt ein „Prozeß des Protestes gegen bestehende soziale Verhältnisse verstanden..., der bewußt

getragen wird von einer an Mitgliedern wachsenden Gruppierung, die nicht formal organisiert zu sein braucht" (Rammstedt 1979: 130). Auch setzten sich soziale Bewegungen aus Netzwerken zusammen, die sich auf eine kollektive Identität stützten und sozialen Wandel herbeiführen wollen (vgl. Rucht 1994: 76).

104 Dennoch ist es wichtig darauf hinzuweisen, dass es genauso NGOs gibt, die die Interessen z.B. der Life-Sciences-Unternehmen oder zumindest nicht die Positionen und Akteure unterstützen, die sich gegen Patentierungen richten (vgl. Delgados Ramos 2001: 485).

105 NGOs sind von sozialen Bewegungen abzugrenzen. So sind letztere nicht so ausgeprägt organisiert wie NGOs und besitzen keine verbindlichen Kriterien zur Regelung von Mitgliedschaft bzw. gibt es keine formalisierte Mitgliedschaft (vgl. Rucht 1995: 577 ff.).

106 Das Gerichtsurteil und weitere aktuelle Informationen sind im Internet einsehbar: www.percyschmeiser.com

107 Wie in Kap. 2.5.2 beschrieben wurde, ist die Anwendung eines technischen Verfahrens eine Voraussetzung für die Patentierung von genetischem Material.

108 Einige Beispiele: Nim (Bengali), Vepa (Tamil) Nimba (Sanskrit), Veppu (Malyali), Bevinmar (Kannad), Margosa Tree (Englisch) (vgl. vshiva.net (o.J.))

109 Wild findet man den Baum in Indien, in den tropischen Trockenwäldern und Trockengebieten von Uttar Pradesh, Haryana, Punjab, Himachal Pradesh, Orissa, Andhra Pradesh, Kerala, Karnataka und Tamil Nadu bis zu einer Höhe von 1500 m.

110 Eine ausführliche Beschreibung des Neembaumes und seiner Anwendungsmöglichkeiten findet sich z.B. bei Schmutterer (1995).

111 Hierbei werden kleine Ästchen gekaut, um die Zähne weiß und sauber zu halten und vor Krankheiten zu schützen (vgl. umweltinstitut.org).

112 Für einige Patente treffen verschiedene Inhalte zu, daher kommt es zu Doppelnennungen.

113 Das Patent ist am im August 2001 an Thermo Trilogy verkauft worden (vgl. www.european-patent-office.org.

114 Der genaue Titel des Patentes lautet: „Methode zur Bekämpfung von Pilzen auf Pflanzen mit Hilfe von hydrophobisch extrahiertem Neemöl" (www.european-patent-office.org)

115 Ruth Tippe von der NGO „Kein Patent auf Leben" bemerkt hierzu: „Es ist anzunehmen, dass westliche Firmen Plantagen angelegt haben und das Material allein für sich nutzen [und] dass sie auch alles was auf dem Markt angeboten wird weitgehend aufkaufen" (Tippe 2002c).

116 Die Keimplasmabank in Mexiko Centro Internacional de Mejoramiento del Maíz y el Trigo (CIMMYT) besitzt 3.532 Varietäten und

das Institut für forst- und landwirtschaftliche Forschung (Instituto Nacional de Investigación Forestal y Agropecuaria) weitere 570 (ebd.).

117 Dieser setzt sich aus neun Indikatoren zusammen, zu denen u.a. der durchschnittliche Lohn, die Wohnbedingungen und Bildung gehören (vgl. Ceceña 2000: 278).

118 In politisch instabilen Ländern ist auch das Militär in die Projekte involviert. In Nigeria z.b. ist die U.S. Army für die Durchführung des Projektes verantwortlich (vgl. Ceceña/Giménez 2002: 83). Auf die Rolle des Militärs kann hier nicht weiter eingegangen werden (siehe dazu z.b. Flitner 2001: 246f.; für positive Bezugnahme auf die Rolle Militär siehe IUCN et al. 1990: 131f.).

119 In Panama, Madagaskar, Surinam, Kamerun, Nigeria, Peru, Vietnam, Laos, Argentinien und Chile. Das Projekt in Mexiko wurde, wie zu Anfang dieses Kapitels erwähnt, abgebrochen.

120 Die Zahlen basieren auf Daten des Jahres 1998.

121 Molecular Nature Limited ist ein Ableger des Xenova Discovery Limited und wurde 1999 gegründet (vgl. Ceceña/Giménez 2002: 85).

122 Regionaler Rat von traditionellen, indigenen Ärzte- und Hebammen-Organisationen.

123 Des Netzwerks Consejo Nacional de Médicos Indígenas Tradicionales de México, dem insgesamt 43 Organisationen angehören (vgl. ebd.).

124 Organisation der indigenen Ärzte des Bundesstaates Chiapas.

125 Ministerium für Umwelt, natürliche Ressourcen und Fischfang

126 Im Original: Bioprospección o Biopiratería? Biodiversidad y los derechos de los indígenas y campesinos.

127 Nach Aussage von R. Nash, Forschungsdirektor der MNL am 3.8.2000, zitiert nach RAFI 2000: 6.

128 Im Gegensatz zu den Hochertragssorten können Landsorten im Nachbau ertragsmäßig sehr stabil sein.

129 Bei jedem Kauf von Z-Saatgut wird zusätzlich zu dem Produktpreis eine Z-Lizenz (Lizenz für zertifiziertes Saatgut) erhoben. Diese Lizenz wird an die jeweiligen SortenschutzinhaberInnen entrichtet. Für Speisekartoffeln beträgt diese Lizenzgebühr beispielsweise 400 Mark pro Hektar (vgl. Clar o.J.).

130 Bei bestimmten, besonders verbreiteten Speisekartoffeln wie z.B. Cilena, Linda, Marabel, Filea, liegt die Gebühr noch etwas höher.

131 Hiernach müssen auch KleinlandwirtInnen Auskunft geben. Diese sind allerdings von der Zahlung der Nachbaugebühren befreit. Die von den Landwirten vorgebrachten verfassungs- und kartellrechtlichen Bedenken wurden von dem Gericht zurückgewiesen (ebd.).

132 Aus der Urteilsbegründung des LG Braunschweig: „Der Wortlaut von §10a Abs. 6 Sortenschutzgesetz – der nach den oben genann-

ten EG-Verordnungen geschaffen wurde – knüpft bereits nach seinem Wortlaut die Auskunftspflicht an den tatsächlichen Nachbau. Es heißt dort: '... wer Gebrauch macht ...' Es ist dann 'über den Umfang' Auskunft zu erteilen. Anders das EG-Recht, nach dem bereits über das 'ob' Auskunft zu erteilen ist, die dann im Falle der Verwendung ergänzt werden muss ... Der Gesetzgeber hätte ohne weiteres den Wortlaut der EG-Vorschriften übernehmen oder den Weg einer (dynamischen) Verweisung wählen können" (zit. n. Lambke 2003: 78).

133 Allerdings erkannte das Gericht eine generelle Auskunftspflicht für den Nachbau von EU-geschützten Sorten an (vgl. agrar.de 2000a).

134 Aus der Urteilsbegründung des OLG Hessen: „Es ist nicht eindeutig festzustellen, wie weitreichend die Auskunftspflicht sein soll. Der EU-Vorschrift lässt sich nicht mit der erforderlichen Sicherheit entnehmen, dass die EU-Kommission dem Sortenschutzinhaber einen umfassenden, vom Nachweis einer begangenen Nachbauhandlung unabhängigen Auskunftsanspruch gegenüber jedem beliebigen Landwirt darüber einräumen wollte" (zit. n. Lambke 2003: 78).

135 Die STV änderte daraufhin ihre Formulare, indem sie einen Zusatz einfügte, der besagte, es stehe jedem Landwirt frei, jeden Züchter auch direkt zu kontaktieren und individuelle Vereinbarungen zu treffen (vgl. Lambke 2003: 76).

136 Der STV steht demnach kein Auskunftsanspruch nach §10 a Abs. 6 SortG zu.

137 Diese Rahmenregelung ist eine Modifizierung des Kooperationsabkommens. Letztlich vereinfacht es einige Regelungen, schafft Anreize zum Saatgutwechsel durch Rabattzahlungen und Befreiung der Nachbaugebühr ab 60% Saatgutwechsel und honoriert die freiwillige und schnelle Auskunftswilligkeit der LandwirtInnen durch günstigere Nachbaugebühren (vgl. ausführlicher agranet.de 2002b).

138 Durch die neu entwickelte Terminator-Technologie wird dieses Problem der ZüchterInnen gelöst (vgl. Kap. 5.3).

139 Von dieser Summe wurden 2,9 Mio. Mark als Rabatte an die Landwirte zurückgezahlt (BDP 2001a).

140 Nach einer Presseerklärung des DBV ist die Höhe des Nachbaus im Wirtschaftsjahr 2000/2001 bundesweit auf 40% gesunken, bzw. der Saatgutwechsel auf 60% gestiegen (vgl. BDP 2001c).

141 Nur in den USA ist es möglich, Patente auf konventionell gezüchtete Pflanzen zu erhalten.

142 Ausführlich zu der Rolle von TNCs und Biotechnologie s. Heins (2001).

143 Denn, wie in Kap. 2.2 dargestellt wurde, wird Rechtsschutz nur gewährt, wenn die Entwicklung gewerblich anwendbar ist.

144 Wenn das Wissen nicht durch Ausschließlichkeitsrechte geschützt würde, käme es weiterhin zu einem Austausch über dieses Wissen und ein Patentsystem hätte seinen Sinn verloren.

145 Es soll an dieser Stelle nicht die Diskussion um mögliche gesund-
heitsschädliche Gefahren der Gentechnik geführt werden. Diese
Gefahren sind bisher wenig erforscht. Angemerkt sei nur, dass
aufgrund der prinzipiellen Nicht-Rückholbarkeit von GM-Organismen in Verbindung mit ihren bis heute nicht geklärten ökologischen Risikopotentialen insgesamt ein nicht absehbares Gefahren-
potential besteht. Die wirklichen Beeinträchtigungen bzw. Schädi-
gungen der Umwelt sind erst lange Zeit nach deren Freisetzung zu
erkennen (vgl. Katz et al. 1995).

146 Eine ausführliche Artikelsammlung zu diesem Thema ist im Internet
zu finden: www.biotech-info.net/mexican_bt_flow.html

147 Das CIMMYT besitzt 3.532 Maisvarietäten. Im April 2002 wurde
daher von dem CIMMYT ein Moratorium hinsichtlich weiterer
Sammlungen von Maisvarietäten angestrebt, um der Gefahr einer
weitergehenden Verunreinigung der Genbanken zu begegnen (vgl.
Taba 1995).

148 Die GM-DNA-Sequenzen, die weiterhin am häufigsten in Mexikos Maisvarietäten gefunden wurden, waren vor allem der 35S Pro-
motor des Blumenkohl-Mosaik-Virus, eine von Monsanto patentierte Sequenz, und andere DNA-Sequenzen, die mit GM-Pflanzen
der Firma Syngenta assoziiert werden konnten (vgl. ETC 2002c: 3).

Tabellenverzeichnis

Abbildungsverzeichnis

Abkürzungsverzeichnis

AbL	Arbeitsgemeinschaft bäuerliche Landwirtschaft
BML	Bundesministerium für Ernährung, Landwirtschaft und Forsten
CBD	Convention on Biological Diversity
CGIAR	Consultative Group on International Agricultural Research
CGRFA	Commission on Genetic Resources for Food and Agriculture
CITES	Convention for International Trade in Endangered Species of Wild Fauna and Flora
COMPITCH	Consejo Estatal de Organizaciones de Médicos y Pateras Indígenas Tradicionales de Chiapas
DBV	Deutscher Bauernverband
BDP	Bundesverband Deutscher Pflanzenzüchter
CIMMYT	Centro Internacional de Mejoramiento del Maíz y el Trigo
DSB	Dispute Settlement Body
ECOSUR	El Colegio de la Frontera Sur
EP	Europäisches Parlament
EPO	European Patent Office
EPÜ	Europäische Patentübereinkommen
ETC	Action Group on Erosion,Technology and Concentration, vormals RAFI
EU	Europäische Union
EuGH	Europäischer Gerichtshof
FAO	Food and Agricultural Organization
FR	Farmers Rights
FUE	Forum Umwelt und Entwicklung
GATT	Generell Agreement on Tariffs and Trade
GBF	Global Biodiversity Forum
GMO	Genetic Modified Organism
GR	Genetic Resources
GRAIN	Genetic Resources Action International
Herv. i. O.	Hervorhebung(en) im Original
IARC	International Agricultural Research Centers
ICBG	International Cooperative Biodiversity Groups
IFOAM	International Federation of Organic Agriculture Movements
IG	Interessengemeinschaft gegen die Nachbaugebühren und Nachbaugesetze
IPR	Intellectual Property Rights
IU	International Undertaking on Plant Genetic Resources
IUCN	International Union for the Conservation of Nature

IT	International Treaty on Plant Genetic Resources for Food and Agriculture
LG	Landgericht
MAT	Mutually Agreed Terms
MNL	Molecular Nature Ltd.
MS	Multilateral System
NAFTA	North American Free Trade Agreement
NGO	Non Governmental Organization
OECD	Organization for Economic Cooperation and Development
OLG	Oberlandesgericht
OMIECH	Organización de Médicos Indígenas del Estado de Chiapas
o.J.	ohne Jahresangabe
o.O.	ohne Ortsangabe
PatG	Deutsches Patentrecht
PGR	Plant Genetic Resources
PGRFA	Plant Genetic Resources for Food and Agriculture
PIC	Prior Informed Consent
RAFI	Rural Advancement Foundation International
s.a.	siehe auch
SEMARNAP	Secretaría de Medio Ambiente, Recursos Naturales y Pesca
STV	Saatgut-Treuhand Verwaltungs-GmbH
TAG	Technical Advisory Group
TKs	Traditional Knowledges
TNC	Transnational Corporation
TRIPs	Trade Related aspects of Intellectual Property Rights
TWN	Third World Network
UNCED	United Nations Conference on Environment and Development
UNCTAD	United Nations Conference on Trade and Development
UNDP	United Nations Development Programme
UNEP	United Nations Environment Programme
UNO	United Nations Organization
UPOV	Union Internationale pour la Protection des Obtentions Végétales
WIPO	World Interellectual Property Organization
WBGU	Wissenschaftlicher Beirat Globale Umweltveränderungen der BRD
WO	World Patent Office
WTO	World Trade Organization
WRI	World Resources Institute
WWF	World Wide Fund for Nature
zit. n.	zitiert nach

Literatur

AG Biopolitik (1998): Vieles ist verschieden: Biodiversität in den Bio-wissenschaften. In Flitner M./Görg C./Heins V. (Hrsg.): *Konflikt-feld Natur. Biologische Ressourcen und globale Politik.* Opladen

Aglietta, Michel (1976): Régulation et crises du capitalisme, Paris

– (2000): Ein neues Akkumulationsregime. Die Regulationstheorie auf dem Prüfstand, Hamburg

agranet.de (2001): 80 Prozent Nachbaugebühren sind angemessen, in: agranet.de, 11.05.2001, www.agranet.de/874.php

– (2002a): Chance zur Präzisierung offener Fragen nutzen, in: agranet.de, 08.05.2002, www.agranet.de/4381.php

– (2002b): Deutliche Vereinfachungen bei Nachbaugebühren erzielt, in: agranet.de, 11.11.2002, www.agranet.de/5220.php

agrar.de (1999a): Sortenschutzgesetz: Gericht prüft erstmals Nachbau-Kontrollen der Saatgut-Treuhand, in: @grar.de Aktuell, 23.05.1999, news.agrar.de/aktuell/19990523-00000/

– (1999b): Saatgut-Treuhand gewinnt Prozeß um Nachbau-Meldepflicht, in: @grar.de Aktuell, 11.07.1999, news.agrar.de/aktuell/19990711-00000

– (1999c): Landwirte sind zur Nachbau-Auskunft verpflichtet, in: @grar.de Aktuell, 24.09.1999, news.agrar.de/archiv/19990924-00000/

– (1999d): Neuer Musterprozess um Nachbaugebühren, in: @grar.de Aktuell, 16.12.1999, news.agrar.de/aktuell/19991216-00003/

– (2000a): Teilerfolg für Gegner der Nachbaugebühr, in: @grar.de Aktu-ell, 17.02.2000, news.agrar.de/archiv/20000217-00002/

– (2000b): AbL: Weiter Streit um Nachbauregelung, in: @grar.de Aktu-ell, 06.03.2000, news.agrar.de/archiv/20000306-00000/

– (2000c): Saatgut-Treuhand verklagt 2.500 Bauern, in: @grar.de Aktu-ell, 25.09.2000, news.agrar.de/archiv/20000925-00000/

– (2000d): Landwirte fordern Moratorium und Recht auf Nachbau, in: @grar.de Aktuell, 20.10.2000, news.agrar.de/archiv/20001020-00000/

– (2001a): Bundesgerichtshof: Pressemeldung zum Sortenschutz-Urteil, in: @grar.de Aktuell vom 13.11.2001, news.agrar.de/archiv/20011113-00000/

– (2001b): Nachbau: Bundesgerichtshof weist Auskunftsanspruch der Pflanzenzüchter zurück, in: @grar.de Aktuell vom 16.11.2001, news.agrar.de/archiv/20011116-00001/

– (2002a): EuGH: Generelle Auskunftspflicht gegenüber Saatguttreuhand ist unverhältnismäßig, in: @grar.de Aktuell, 22.03.2002, news.agrar.de/archiv/20020322-00004/

– (2002b): Patente auf Feld, Wald und Wiese?, in: @grar.de Aktuell, 05.02.2002, news.agrar.de/archiv/20020205-00001/

- (2002c): IGN fordert Aussetzung der Nachbaugebühren, in: @grar.de Aktuell, 15.08.2002, news.agrar.de/archiv/20020815-00006/
- (2002d): DBV und BDP unterzeichnen Vereinfachte Regelung für Nachbaugebühren, in: @grar.de Aktuell, 11.11.2002, news.agrar.de/archiv/20021111-00005/
- (2002e): AbL: Die Auskunftspflicht der Landwirte wankt, in: @grar.de Aktuell, 12.11.2002, news.agrar.de/archiv/20021112-00002/
- (2002f): Landwirtschaftliche Einkommen im Sturzflug, in: @grar.de Aktuell, 30.12.2002, news.agrar.de/archiv/20021231-00000/
- (2003a): Urteil EuGH-Verfahren zur Nachbauregelung, in: @grar.de Aktuell, 10.04.2003, news.agrar.de/archiv/20030410-00008/
- (2003b): Neue Rahmenregelung Saat- und Pflanzgut vorgestellt, in: @grar.de Aktuell, 29.08.2003, news.agrar.de/archiv/20030829-00003/

Agrawal, Arun (1998): Geistiges Eigentum und 'indigenes' Wissen: Weder Gans noch goldene Eier, in: Flitner, M./Heins, V./Görg, C. (Hrsg.), S.193-214

-/Narain, S. (1991), Global Warming in an Unequal World: A case Environmental Colonialism, Center for Science and Environment, Neu Dehli

Akther, Farida (2001): Die Nayakrishi-Kampagne: Saatgut in die Hände der Frauen!, in: Kloppenburg et al. (Hrsg), S.81-98

Alvarez Febles, Nelson/GRAIN (2000): La diversidad biológica y cultural: raíz de la vida rural, www.biodiversidadla.org/documentos/documentos105.htm

Altvater, Elmar (1986): Lebensgrundlage (Natur) und Lebensunterhalt (Arbeit). Zum Verhältnis von Ökologie und Ökonomie in der Krise, in: Altvater, E./Hickel, E./Hoffmann, J.: Markt, Mensch, Natur. Zur Vermarktung von Arbeit und Umwelt, Hamburg, S.133-155

- (1991): Die Zukunft des Marktes. Ein Essay über die Regulation von Geld und Natur nach dem Scheitern des „real existierenden Sozialismus", Münster
- (1992): Der Preis des Wohlstands – oder die Umweltplünderung und neue Welt(un)ordnung, Münster

-/Brunnengräber, A./Haake, M./Walk, H. (Hrsg.) (1997): Vernetzt und verstrickt. Nicht Regierungs-Organisationen als gesellschaftliche Produktivkraft, Münster

-/Mahnkopf, Birgit (1999): Grenzen der Globalisierung: Ökonomie, Ökologie und Politik in der Weltgesellschaft, 4.völlig überarb. Aufl., MünsterAmann, Klaus (1994): Menschen, Mäuse und Fliegen. Eine wissenssoziologische Analyse der Transformation von Organismen in epistemische Objekte, Zeitschrift für Soziologie 23 (1), S.22-40

Anderes, Sabrina (2000): Fremde im eigenen Land: Haftbarkeit transnationaler Unternehmen für Menschenrechtsverletzungen an indigenen Völkern, Dissertation der Rechtswissenschaftlichen Fakultät der Universität Zürich

Anderson, S./Cavanagh, J. (2000): Top 200: The Rise of Corporate Global Power, Institute for Policy Studies, Washington

ARA (Hrsg.) (1990): Stragien und Visionen zur Rettung der tropischen Regenwälder, Ökozid 6, Gießen

– (1995): Leben und Leben lassen. Biodiversität - Ökonomie, Natur und Kulturschutz im Widerstreit, Ökozid 10

Balboa, Juan (1999): Disputa por plantas que son usadas en medicina indígena, in: La Jornada vom 13.12.1999, S.41

Balick, Michael (1991): The Ethnobotany Project: Discovering Resources of the Tropical Rainforest, Fairchild Tropical Garden Bulletin 4, S.16-24

Barreda, A./Flores, G./Espinosa, R./Ramos. A./Ribeiro, S. (2000): Biopiratería en México, La punta del iceberg, Versión reliminar, Mexico

Basset, T.J. (1988): The Political Ecology of Peasant-Herder Conflicts in the Northern Ivory Coast, in: Ann of the Ass. of American Geography 78 (3), S.453-472

Bauer, Carsten (1993): Patente für Pflanzen -Motor des Fortschritts?, Düsseldorf

Bauernstimme (2000): Bauern besetzten Treuhandgebäude, Ausgabe 11/ November 2000, S.5

Baur, Erwin (1914): Doe Bedeutung der primitiven Kulturrassen und der wilden Verwandten unserer Kulturpflanzen für die Pflanzenzüchtung, in: Jahrbuch der DLG, Februartagung Berlin 1914, S. 104-109

BDP (o.J.): Kooperationsmodell Landwirtschaft und Pflanzenzüchtung, www.bdp-online.de/sorten25.htm

– (2000): Züchtung sichert Zukunft. Die Nachbauregelung und das Kooperations-abkommen, Bonn

– (2001a): Nachbau: Mehr als 90 Prozent außergerichtlich geklärt, Presseerklärung des BDP vom 16.01.2001

– (2001b): 80 Prozent Nachbaugebühren sind angemessen, Presseerklärung des BDP vom 11.05.2001

– (2001c): Saatgutwechsel bei Getreide erreicht mit 60 Prozent neuen Höchststand, Presseerklärung des BDP vom 31.07.2001

– (2001d): Gebührenpflicht bleibt bestehen, Presseerklärung des BDP vom 30.11.2001

– (2002a): Saatgutwechsel bei Getreide steigt auf 64 Prozent, Presseerklärung des BDP vom 30.08.2002

– (2002b): Geschäftsbericht 2001, Bonn

– (2003): Anbaufläche von gentechnisch veränderten Pflanzen um 12 Prozent gestiegen, Presseerklärung des BDP vom 20.01.2003

Beck, Ulrich (1986): Risikogesellschaft. Auf dem Weg in eine andere Moderne, Frankfurt/M.

Begon, M.E./Harper, C.R./Townsend, C.R. (1998): Ökologie, Heidelberg, Berlin

Beier, Friedrich K./Crespi, R. Stephen/Straus, Joseph (1986): Biotechnologie und Patentschutz, Weinheim

Benedek, Wolfgang (1998): Die Welthandelsorganisation (WTO). Alle Texte einschließlich GATT (1994), GATS und TRIPS, München

Bent, S.A./Conlin, D.G./Jeffery, D.D.: (1987): Intellectual Property Rights in Biotechnology Worldwide, New York

Berlin, Brent (1992): Ethnobotanical Classification: Principles of Categorisation of Plant and Animals in Traditional Societies, Princeton

-/Raven, P./Breedlove, D (1974): Principles of Tzetlan Plant Classification: An Introduction to Botanical ethnography of a Mayan-Speaking Community in Highland Chiapas, New York

Blaikie, Piers (1985): The Political Economy of Soil Erosion in Developing Countries, London

- (1995a): Changing environments or changing views? A political ecology for development countries, In: Geography 3, 203-214

-/Brookfield, H. (1987): Land degradation and society, London/New York

BML (1990): Pflanzengenetische Ressourcen, Münster-Hiltrup

- (1993): Pflanzengenetische Ressourcen - Situationsanalyse und Dokumentations-analyse, Münster

- (1995): Erhaltung und nachhaltige Nutzung pflanzengenetischer Ressourcen. Deutscher Bericht zur Vorbereitung der 4. Internationalen Technischen Konferenz der FAO über pflanzengenetische Ressourcen vom 17.-23.Juni 1996 in Leibzig, Münster

- (2000): Genetische Ressourcen für Ernährung, Landwirtschaft und Forsten. BML-Konzeption zur Erhaltung und nachhaltiger Nutzung genetischer Ressourcen für Ernährung, Landwirtschaft und Forsten, Münster-Hiltrup

BMU (2002): Grüne Gentechnik und ökologische Landwirtschaft, Freiburg

Bommer, D.F.R./Beese, K. (1990): Pflanzengenetische Ressourcen - Ein Konzept zur Erhaltung und Nutzung für die BRD, Münster-Hiltrup, Schriftenreihe des BM für Ernährung, Landwirtschaft und Forsten

Borg, Eric (2001a): Steinbruch Gramsci, Hegemonie im internationalen politischen System, in: Blätter des Informationszentrums 3. Welt, Nr. 256, Oktober 2001

- (2001b): Projekt Globalisierung. Soziale Kräfte im Konflikt um Hegemonie, Hannover

Brand, Karl-Werner (Hrsg.) (1998): Soziologie und Natur. Theoretische Perspektiven, Opladen

Brand, Ulrich (2000): Nichtregierungsorganisationen, Staat und ökologische Krise: Konturen kritischer NRO-Forschung am Beispiel der biologischen Vielfalt, Münster

-/Brunnengräber, A./Schrader, L./Stock, C./Wahl, P. (2000): Global Governance. Alternative zur neoliberalen Globalisierung?, Münster

-/Ceceña, Ana Esther (Hrsg.) (2000): Reflexionen einer Rebellion: „Chiapas" und ein anderes Politikverständnis, Münster

-/Görg, Christoph (2000): Die Regulation des Marktes und die Transformation der Naturverhältnisse, in: Prokla, Nr. 118, 30.Jg., S.83-106

-/- (2001): Access und Benefit Sharing - das Zentrum des Konfliktfelds Biodiversität, www.worldsummit2002.de/downloads/biodiv 1.pdf

-/- (2002): „Nachhaltige Globalisierung"? Sustainable Develop-ment als Kitt des neoliberalen Scherbenhaufens, in: dies. (Hrsg.), S.12-48

-/Kalcsics, Monika (Hrsg.) (2002): Wem gehört die Natur? Konflikte um genetische Ressourcen in Lateinamerika, Frankfurt/M.

-/Raza, Werner (2003): Fit für den Postfordismus? Theoretisch-politische Perspektiven des Regulationsansatzes, Münster

Bruckmeier, Karl (1994): Strategien globaler Umweltpolitik, Münster

Brush, Stephen (1996): Is common heritage outmounded?, in: Brush, S./Stabinsky, D. (Hrsg.): Valuing Local Knowledge: Indigenous People and Intellectual Property Rights, Washington DC

Bryant (1992): Political Ecology. An Emerging Research Agenda in Third World Studies, in Political Geography Vol. 11 No. 1, pp. 12-36

Bryant, R.L. (1999): A Political Ecology for Development Countries?, in: Zeitschrift für Wirtschaftgeographie, Heft 3-4, S.148-157

Bryant, Raymond L./Bailey, Sinéad (1997): Third World Political Ecology, London/New York

BUKO Agrar Koordination (Hrsg.) (1998): Saatgut, Dossier Nr.20, Hamburg

- (Hrsg.) (2002): Biologische Vielfalt und Ernährungssicherheit, Dossier Nr. 25, Hamburg

Bundesamt für Naturschutz (1999): Botanische Gärten und Biodiversität, Bonn

Buntzel-Cano, Rudolf (2000): Kulturpflanzen-Vielfalt: Gemeinsames Erbe der Menschheit oder die letzten Schätze für Piraten, in: BUKO Agrar Info Nr. 98, Dezember, S.1-4

Burge, David (1984): Patent and Trademark Tactics and Practice, zweite Auflage, New York

Büttner, Hannah (1996): Die Adivasi und das staatliche Gewaltmonopol. Von heiligen Grainen zur Politischen Ökologie und zurück, in Blätter des Informationszentrums 3.Welt, Nr. 217, S.25-28

CECCAM, CENAMI, ETC Group, CASIFOP, UNOSJO, AJAGI (2003): Contamination by genetically modified maize in Mexico much worse than feared, Presseerklärung 9. Oktober 2003, www.twnside. org.sg/title/service82.htm

Ceceña, Ana Esther (2000): Die Grenze der Modernität. Kämpfe um strategische Ressourcen, in: Brand, Ulrich/Ceceña, Ana Esther (Hrsg.), S.262-280

-/Giménez, Joaquín (2002): Hegemonía y bioprospección. El caso del International Cooperative Biodiversity Group, in: Brand, Ulrich/ Ceceña, Ana Esther (Hrsg.), S.77-94

CIEPAC (2002): II Semana Por la Diversidad Biológica y Cultural www.ciepac.org/bulletins/200-300/bolec296.htm

CIPR (Commission on Intellectual Property Rights) (2002): Integrating Intellectual Property Rights and Development Policy, London

Clar, Stefanie (1999): Saatgut als politisches Transportmittel des westlichen Agrarmodels am Beispiel der Consultative Group on International Agriculture Research, Magisterarbeit, Göttingen

- (2002a): Die Grüne Revolution, in: BUKO Agrar Koordination (Hrsg.), S.43-48

- (2002b): Die Kommerzialisierung des Saatgutmarktes, in: BUKO Agrar Koordination (Hrsg.), S.37-42

- (o.J.): Erst kontrollieren, dann abkassieren, www.saatgut.pagelion.de/ kontr.htm

Clay, J. (1992): Building and supply markets for nonwood tropical forest products, in: Friends of the Earth (Hrsg.): The rainforest harvest: sustainable strategies for saving the tropical forests?, London, S. 250-265

Clover, Charles (2002): 'Worst ever' GM crop invasion, in: The Hague Daily Telegraph, April 19

COMPITCH (2000): Boletín informativo, San Cristóbal de las Casas

-/RMALC/CIEPAC (2000): Pukuj, Biopiratería en Chiapas, San Cristóbal de Las Casas, Mexiko

Correa, Carlos (2000): Intellectual Property Rights, The WTO and Developing Countries. The TRIPS Agreement and Polity Options, London

Das Argument (2001): Geburt des Biokapitalismus, Nr. 242, 43. Jg., Heft 4/5, Hamburg

DeGregori, Thomas R. (1987): Ressource s Are Not; They Become: An Institutional Theory, in: Journal of Economics Issues, Jg. 21, S.1241-1263

Delgado Ramos, Gian C. (2001): Biopi®aterie und geistiges Eigentum als Eckpfeiler technologischer Herrschaft: Das Beispiel Mexiko, in: Das Argument, S.481-494

Deutscher Bericht zur Vorbereitung der 4. Internationalen Technischen Konferenz der FAO über pflanzengenetische Ressourcen vom 17.-

23. Juni 1996 in Leibzig (1995): Erhaltung und nachhaltige Nutzung pflanzengenetischer Ressourcen, Münster

Diamond, J.M. (1988): Factors controlling species diversity: overview and synthesis, in: Annals of Missouri Botanical Garden 75, S.117-129

Dolata, Ulrich (2003): Die grüne Gentechnik ist zurzeit alles andere als sexy, in: Frankfurter Rundschau vom 6.01.2003

dpa (2001): Rekord bei Patentanmeldungen – EDV, Biochemie und Gentechnik vorn, Deutsche Presse Agentur vom 6.7.2001, München

Dreyling, Gisela (o.J.): Vorlesungsfolie, Hamburg

Dunlap, Riley E. (1993): From Environmental to Ecologist Problems, in: Cslhon, C./Ritzer, G. (Hrsg.): Social Problems, New York, S.707-738

Durning, A.T. (1992): Guardians of the land: Indigenous peoples and the health of the earth, World Watch Paper 112, Washington

Eblinghaus, Helga/Strickler, Armin (1996): Nachhaltigkeit und Macht. Zur Kritik von Sustainable Development, Frankfurt

ECOSUR (2000): Boletín de Prensa: ECOSUR y el proyecto de bioprospección ICBG-MAYA en Chiapas, Presserklärung vom 17.10.2000, www.ecosur.mx/icbg/boletin.html

– (2001): Comunicado a la prensa: ECOSUR cancela Proyecto ICBG-Maya, Presserklärung vom 23.10.2001, www.laneta.apc.org/sclc/noticias/icbgmaya.htm

Ehrlich (1968): The Population Bomb, London;

Ehrlich, P.R./Ehrlich, A.H. (1981): Extinction: the Causes and Consequences of Disappearence of Species, New York

Ellenberg, Heinz (1996): Vegetation Mitteleuropas mit den Alpen in ökologischer, dynamischer und historischer Sicht, 5. stark veränd. Aufl., Stuttgart

Elton, C.S. (1958): The ecology of invasions by animals and plants, London

Enzensberger, Hans M. (1973): Zur Kritik der politischen Ökologie, in: Kursbuch 33, S.1-43

EPO Homepage www.epo.co.at/gr_index.htm

Erklärung von Bern (2002): Der Fall Monsanto vs. Schmeiser, www.evb.ch/index.cfm?page_id=1094&archive=none

Erwin, T.L. (1997): Biodiversity at Its Utmost: Tropical Forest Beetles, in: Reaka-Kedla, M.L./Wilson, E.O. (Hrsg.): Biodiversity II: Understanding and Protecting Our Biological Resources, Washington

Escobar, Arturo (1996): Constructing Nature. Elements for a poststructural political ecology. in: Peet, Richard/Watts, Michael: Liberation Ecology; 46-68

Esser, Joseph/Görg, Christoph/Hirsch, Joachim (Hrsg.) (1994): Politik, Institutionen und Staat. Zur Kritik der Regulationstheorie, Hamburg

ETC (1998): How the Terminator terminates, www.etcgroup.org/article. asp?newsid=232

- (2000): „Stop Biopiracy in Mexico!", etcgroup.org/article. asp?newsid=18

- (2001a): US Government's $2,5 Million Biopiracy Project in Mexico Cancelled, News Release, 9. November, www.etcgroup.org

- (2001b): ETC Century: Erosion, Technological Transformation, and Corporate Concentration in the 21st Century, etcgroup.org/article. asp?newsid=159

- (2001c): Globalization, Inc. Concentration in Corporate Power: The Unmentioned Agenda, ETC-Group Communique, Issue 71, Juli/August

- (2001d): En defensa del maíz y contra la contaminación transgénica, News Release 16 October 2001,www.etcgroup.orgs

- (2002a): Biopiracy+10, etcgroup.org

- (2002b): Defend Food Sovereignty. Terminate Terminator, www. etcgroup.org

- (2002c): Contaminated Corn and Tainted Tortillas. Genetic Pollution in Mexico s Centre of Maize Diversity, Communiqué Januar/Februar 2002, www.etcgroup.org

- (2002d): GM Fall-out from Mexico to Zambia: The Great Containment, Genotype, Oktober 25, www.etcgroup.org

- (2003a): Oligopoly, Inc., *ETC Communique*, November/December 2003. (Forthcoming - to be published in Dec. 2003, Draft Version mit Dank zur Verfügung gestellt.

- (2003b): Terminator Technology Debate Hijacked in Montreal, News Release November 14, 2003, www.etcgroup.org/article.asp?newsid=415

- (2003c): Massive International Protest on GM Contamination of Mexican Maize, News Release 20 November 2003, www.etcgroup. org/documents/NR_MaizeSignEng.pdf

FAO (1994): First Draft CPGR/94/WG9/3

- (1996): State of the world's plant genetic ressources, Rom

-/CPGR (1989): International Undertaking on Plant Genetic Resources. Third Session, 17-21 April (CPGR/89/Inf.2), Rom

Flint, James (1998): Saatgutkonzerne am Weg zum Genmonopol, www. heise.de/tp/deutsch/inhalt/co/2384/1.html

Flitner, Michael (1995): Sammler, Räuber und Gelehrte. Pflanzengenetische Ressourcen zwischen deutscher Biopolitik und internationaler Entwicklung 1890-1994

- (1998): Biodiversity: Of Local Commons and Global Commodities, in: Goldmann, M. (Hrsg.), S.144-166

- (1999): Das Öl, das Meer und die „Tragödie der Gemeingüter", in: Görg, C. et. al. (Hrsg.), S.53-70

- (2001): Lokale Gemeingüter auf globalen Märkten, in: Klaffenböck, G./Lachkovics, E./Südwind Agentur (Hrsg.), S.243-258

-/Heins, V. (1997): Die politische Entwicklung der Natur. Neue Konflikte um biologische Ressourcen, in: Blätter des IZ3W, Nr.225, November 1997, S.23-26

-/-/Görg, C. (Hrsg.) (1998): Konfliktfeld Natur. Biologische Ressourcen und globale Politik. Opladen

Foucault, Michel (1978): Dispositive der Macht, Berlin

Frankfurter Rundschau (2002): Bündnis gegen Biopiraten besiegelt, erschienen in der Frankfurter Rundschau, am 19. Februar 2002, S.7

Franklin, Sarah/Lury, Celia/Stacey, Jackie (2000): Global nature, global culture, London/New Dehli

Fray Bartolomé de las Casas (2000): La Guerra en Chiapas: ¿Incidente en la Historia?, San Christóbal de las Casas

Frein, Michael/Meyer, Hartmut (2001): Wem gehört die biologische Vielfalt? Das „grüne Gold" im Nord-Süd-Konflikt, Frankfurt/M.

FUE (2002): Zwischen Schutz und Nutzung. 10 Jahre Konvention über Biologische Vielfalt, Bonn

Gale, Fred P./M'Gonigle, Michael (Hrsg.) (2000): Nature, Production, Power. Towards an Ecological Political Economy, Cheltenham/ Northhampton

Gaston, Kevin J. (2000): Global patterns in biodiversity, in: Nature, Vol 405, Mai, S.220-227

Gen-ethisches Netzwerk (1998): Patentierung von Lebewesen. Materialsammlung, Berlin

Global Exchange (2001): Biopiracy. A New Threat to Indigenous Rights and Culture in Mexico, www.globalexchange.org

Global Exchange Mexico Department, Centro de Investigaciones Económicas y Politicas de Acción Communitaria AC (CIEPAC), Centro Nacional de Comunicación Social (CENCOS) (Hrsg.) (2000): Siempre Cerca, Siempre Lejos: Las Fuerzas Armadas en México, San Cristóbal de las Casas

Goldmann, M. (Hrsg.) (1998): Privatizing Nature. Political Struggles for the Global Commons, London

- (1998): Inventing the commons: Theories and Practices of the Commons' Professional, in ders. (Hrsg.), S.20-53

Gonzáles Esponda, Juan/Pólito Barrios, Elizabeth (2000): Agraroligarchie und Campesino-Bewegung in Chiapas, in: Brand, Ulrich/Ceceña, Ana Esther (Hrsg.), S.66-87

Görg, Christoph (1994): Regulation - ein neues „Paradigma"?, in: Esser et al. (Hrsg.), S.13-31

- (1998): Die Regulation der biologischen Vielfalt und die Krise gesellschaftlicher Naturverhältnisse, in: Flitner, M./Heins, V./Görg, C.

(Hrsg.): Konfliktfeld Natur. Biologische Ressourcen und globale Politik. Opladen, S.39-62

- (1999a): Gesellschaftliche Naturverhältnisse, Münster

- (1999b): Erhalt der biologischen Vielfalt – zwischen Umweltproblem und Ressourcenkonflikt, in: Görg, C. et al., S.279-306

- (2001a): Biodiversitätspolitik. Wer kontrolliert die genetischen Ressourcen, in: epd-Entwicklungspolitik Nr. 15/16, S.18-23

- (2001b): Freier Zugang oder Ausverkauf? Letzte Verhandlungsrunde zum „International Undertaking" der FAO: Streit um Kontrolle der genetischen Grundlagen unserer Ernährung. BUKO Agrar Info Nr. 104, August, S.1-4

- (2003): Regulation der Naturverhältnisse. Zu einer kritischen Theorie der ökologischen Krise, Münster

-/Brand, Ulrich (2001): Patentierter Kapitalismus. Zur politischen Ökonomie genetischer Ressourcen, in: Das Argument 242, 43. Jg., Heft 4/5, Hamburg, S.466-480

-/- (Hrsg.) (2002): Mythen globalen Umweltmanagments: „Rio + 10" und die Sackgasse nachhaltiger Entwicklung, Münster

-/Hertler, C./Schramm, E./Weingarten, M. (1999) (Hrsg.): Zugänge zur Biodiversität. Disziplinäre Thematisierungen und Möglichkeiten integrierender Ansätze, Marburg

GRAIN (1995): Towards a Biodiversity Community Rights Regime, in: Seedling, 12.Jg, Nr.3, S.2-4

- (1996): UPOV: Getting a free TRIPs ride?, in: Seedling, Nr.2, 13.Jg., S.23-30

- (2001): A Disappointing compromis, Seedling, Volume 18, Issue 4, December, www.grain.org/publications/seed-01-12-1-en.cfm

- (2002): Biopiraterie unter falschem Namen? Eine kritische Betrachtung des Treuhandsystems zwischen der FAO und der CGIAR, in: BUKO Agrar Info, Nr. 117, November, S.1-4

Gramsci, Antonio (1991): Gefängnishefte, Hamburg

Greenpeace (1999): Gene, Monopole und „Live-Industry". Eine Dokumentation über die Patentierung von Leben, Hamburg

- (2000a): Manipulieren, Patentieren, Abkassieren. Die Patentstrategie von Monsanto, www.greenpeace.de/GP_DOK_3P/HINTERGR/C05HI69.HTM

- (2000b): Gravierende Mängel der Richtlinie 98/44/EC, o.O.

- (2000c): Rechtsbruch im Europäischen Patentamt, www.greenpeace.org/deutschland/fakten/gentechnik/patente/rechtsbruch-im-europaeischen-patentamt

- (2001): 2001: Mehr Patentanträge auf Lebewesen und Gene, unter: http://www.greenpeace.de/GP_System/1QNTIPF6.Htm

Griesel, Frank, H. (2000): Schach ohne Grenzen. Wie rabiate Agrar-konzerne weltweit die Bauern mit dem Saatgut knechten wollen, in Greenpeace Magazin, Nr.3/00, S.41-43

Grimmig, Martina (1999): Das Fischgift der Kariña. Ebenen der Diskussion um indigene Völker und biologische Vielfalt, in: Görg, C,/ Hertler, C./Schramm, E./Weingarten, M. (Hrsg.), S.145-168

Gröndahl, Boris (2002): Die Tragedy of the anticommons, in: POKLA 126, 31.Jahrgang, Münster

Grupo Sierra Madre (1992): La Selva Lacandona, Ciudad de México

grur.de (2000b): SortenschutzG §10a Abs. 6 – „Auskunftsanspruch bei Nachbau", in: grur.de, BGH, Urt. v. 13.11.2001 – X ZR 134/00 (OLG Braunschweig), www.grur.de/Seiten/Themen/entscheidungen/BGH /BGH_ Sorten.html

Gura, Susanne (2002): Ist die CGIAR reformierbar?, in: BUKO Agrar Info, Nr. 110, Feb/März, S.1-4

Gutmann, M. (1996): Die Evolutionstheorie und ihr Gegenstand, Berlin

Hagemann, Rudolf (1999): Allgemeine Genetik, Heidelberg/Berlin, 4. neubearbeitete Aufl.

Hardin, Garrit (1968): The Tragedy of the commons, in: Sankar, U. (Hrsg.) (2001): Environmental Economics, Oxford, S.129-140

Harlan, Jack R. (1971): Agriculture Origins: Centres and Noncentres, in: Science 188, S.468-474

Harvey, D. (1974): Populations, resources and the ideology of science, in: Economic Geography 50, S.256-277

Harvey (1993): The nature of environment: the dialectics of social and environmental change, in: Milibrand, R./Panitch, L. (Hrsg.): Real Problems, False Solutions: Socialist Register, London, S.1-51

Hecht, Susanna (1998): Tropische Biopolitik – Wälder, Mythen, Paradigmen, in: Flitner, M./Heins, V./Görg, C. (Hrsg.): *Konfliktfeld Natur. Biologische Ressourcen und globale Politik.* Opladen, S. 247-274

Hein, Wolfgang (1999): Postfordistische Globalisierung, Global Governance und Perspektiven eines evolutiven Prozesses „Nachhaltiger Entwicklung", in: Hein, Wolfgang/Fuch, Peter (Hrsg), S.13-77

-/Fuchs, Peter (1999): Globalisierung und ökologische Krise, Schriften des Deutschen Übersee-Instituts Hamburg, Nr. 43

Heine, Nicole/Heyer, Martin/Pickardt, Thomas (2002): Basisreader der Moderation zum Diskurs Grüne Gentechnik des Bundesministeriums für Verbraucherschutz, Ernährung und Landwirtschaft, www. gruene-gentechnik.de/diskurs/reader.pdf

Heins, Volker (2000): Modernisierung als Kolonialisierung? Interkulturelle Konflikte um die Patentierung von „Leben", in: Barben, Daniel/ Abels, Gabriele (Hrsg.): Biotechnologie – Globalisierung – Demokratie, Berlin, S.131-154

- (2001): Der neue Transnationalismus. Nichtregierungsorganisationen und Firmen im Konflikt um die Rohstoffe der Biotechnologie, Frankfurt/M.

-/Flitner, Michael (1998): Biologische Ressourcen und ‚Life Politics', in: Flitner, M./Heins, V./Görg, C. (Hrsg.): Konfliktfeld Natur. Biologische Ressourcen und globale Politik. Opladen, S.13-39

Henne, Gudrun (1998): Genetische Vielfalt als Ressource. Die Regelung ihrer Nutzung, Baden-Baden

Hennig, Wolfgang (1998): Genetik, 2., überarb. und erw. Aufl., Berlin

Henríquez, Elio (2000): Se oponen a un proyecto de bioprospección en Chiapas, in: La Jornada vom 14.9.2000, S.43

Hertler, Christine (1999): Aspekte der historischen Entstehung von Biodiversitätskonzepten in den Biowissenschaften, in Görg, C. et al. (Hrsg.).

Herrera, Carlos (1999): Indígenas acusan de lucro a Ecosur, in: Cuarto Poder vom 11.9.1999, S.16

- (2000):ECOSUR suspende investigación sobre plantas medicinales, in: Sin Línea vom 12.10.2000, S.3, 10

Heywood, V.H. (1997): Information needs in biodiversity assassments: From genes to ecosystems, in: Hawksworth, D.L./Kirk, P.M./Dextre Clarke, S. (Hrsg.): Biodiversity information: Needs an options, Wallingford, S.5-20

-/Batson, I. (1995): Introduction, in: Heywood, V.H./Watson, R.T. (Hrsg.): Global Biodiversity Assessment, Cambridge, S.1-21

Hirsch, Joachim (1990): Kapitalismus ohne Alternative?, Hamburg

- (1993): Internationale Regulation. Bedingungen von Dominanz, Abhängigkeit und Entwicklung im globalen Kapitalismus, in: Das Argument 198, S.195-224, Hamburg

- (1995): Der nationale Wettbewerbsstaat. Staat, Demokratie und Politik im globalen Kapitalismus, Berlin

- (1998): Vom Sicherheits- zum nationalen Wettbewerbsstaat, Berlin

- (2001a): Postfordismus: Dimension einer neuen kapitalistischen Formation, in Hirsch et al., S.171-210

- (2001b): Die Internationalisierung des Staates. Anmerkungen zu einigen aktuellen Fragen der Staatstheorie, in: Hirsch et al., S.101-138

-/Jessop, B./Poulantzas, N. (2001): Die Zukunft des Staates, Hamburg

Hollauf, Gundula (1998): Patentrecht und Gentechnik. Argumente aus Ethik, Recht und Wissenschaft. Diplomarbeit, durchgeführt am Institut für Wissenschaft, Politik und Recht der Universität für Bodenkultur, Wien

Holtmann, Erhard (Hrsg.) (1994): Politik-Lexikon, 2. überarb. und erw. Auflage, München/Wien

Hodgson, John (2002), Doubts linger over Mexican corn analysis, in: Nature Biotechnology, Januar 2002, S.3

Hübner, Kurt (1988): Theorie der Regulation. Eine kritische Rekonstruktion eines neuen Ansatzes der politischen Ökonomie, Berlin

ICBG (1997a): International Cooperative Biodiversity Groups (ICBG). NIH Guide, Volume 26, Number 27, August 15, RFA: TW-98-001, www.fic.nih.gov/programs/rfa.html

– (1997b): Report of a Special Panel of Experts on the International Cooperative Biodiversity Groups (ICBG), www.nih.gov/fic/programs/finalreport.html

– (2002a): International Cooperative Biodiversity Groups. Introduction, Update October 2002, www.nih.gov/fic/programs/icbg.html,

– (2002b): International Cooperative Biodiversity Groups (ICBG). Release Date: Oktober 17 2002, grants1.nih.gov/grants/guide/rfa-files/RFA-TW-03-004.html

ICBG-Maya (o.J.): ICBG-Maya. Un proyecto que contribuye al bienestar del pueblo Maya, o.O.

IFOAM (2000): On the neem patent challenge, backgroundpaper, www.ifoam.org/press/neem_back.html

IIED (2001): The Future is now. For the UN World Summit on Sustainable Development, Vol.1, London

Independent Commission on International Humanitarian Issues (1987): Indigenous People: A Global Quest for Justice, London

IG (2002). Informationen über unsere Interessengemeinschaft, überarbeitet April 2002, Lüneburg

ISE (International Society for Ethnobiology) (1998): International Society Ethnobiology's 1998 conference statement, in: Panos Institut (Hrsg.): Cultural and biological diversity. Towards the edge of the cliff, London

ISF (2002): Saatgut für die Menschheit. Pflanzenzucht, Saatgut und nachhaltige Landwirtschaft, Nyon

IUCN et al. (1990): Conserving the World's Biodiversity, Washington (siehe nochmal genauer Flitner in Goldmann

– (1998): 1997 United Nations list of protected areas. Prepared by WCMC and WCPA. Gland, Cambridge

Jahn, Thomas (1991a): Krise als gesellschaftliche Erfahrungsform gesellschaftliche Erfahrungsform. Umrisse eines sozial-ökologischen Gesellschaftskonzepts, Frankfurt/M.

– (1991b): Die Ökologische Krise und Ansätze einer „Kritischen Theorie der gesellschaftlichen Naturverhältnisse", in: Glatzer, Wolfgang (Hrsg.) 1991: Die Modernisierung moderner Gesellschaften, Opladen, S. 921-924

–/Wehling, Peter (1998): Gesellschaftliche Naturverhältnisse – Konturen eines theoretischen Konzepts, in: Brand, Karl-Werner (Hrsg.): Soziologie und Natur. Theoretische Perspektiven, Opladen

Jessop, Bob (1990): State Theory. Putting the Capitalist State in its Place, Cambridge

Jutzi, Samuel C./Becker, Barbara (Hrsg.) (1993): Pflanzengenetische Ressourcen - Erhaltung und multiple, nachhaltige Nutzung. Beiträge zur 21. Witzenhäuser Hochschulwoche, 2.-4. Juni, Der Tropenlandwirt, Beiheft Nr. 49, Witzenhausen

Kaiser, Gregor (2002): Biodiversitätskonvention und Schutz geistigen Eigentums im Widerspruch, Magisterarbeit, Bonn

Kaperbrief (2002): Achtung Kaperbriefe, in: Kaperbrief. Zeitung gegen Biopiraterie, Nr.1, August 2002, S.1

ten Kate, Kerry/Laird, Sarah A. (1999): The commercial use of biodiversity. Access to genetic resources and benefit-sharing, London

Katz, C./Schmitt, J./Hennen, L./Sauter, A. (1995): TA-Projekt „Auswirkungen moderner Biotechnologien auf Entwicklungsländer und Folgen für die zukünftige Zusammenarbeit zwischen Industrie- und Entwicklungsländern. Studie im Auftrag des Deutschen Bundestags, TAB-Arbeitsbericht Nr.34, Bonn

Keil, Roger et al. (1998): Political Ecology. Global und local, London/New York

Kein Patent auf Leben (2000): Biopiraterie, I. Neembaum, München

- (2003): Patentanmeldungen und Erteilungen, unveröffentlichtes Manuskript vom 8.10.2003, München

Keystone Dialog (Hrsg.) (1991): Final Consensus Report of the Keystone International Dialogue on Plant Genetic Ressources, 3. Session, Oslo 31.5-4.6.1191, Keystone

Klaffenböck, G./Lachkovics, E./Südwind Agentur (Hrsg.) (2001): Biologische Vielfalt. Wer kontrolliert die globalen genetischen Ressourcen?, Frankfurt/M.

Kloppenburg, Jack R. (1988): First the seed. The political economy of plant biotechnology, 1492-2000, Cambrigde

Knirsch, Jürgen (2001): Auf dem falschen Trip. Patente, TRIPS und die WTO, in: BUKO Agrar Info, Nr. 100, S.1-3

Kochendörfer, Martin (1998): Nachbau – eine kulturelle und ökonomische Notwendigkeit?, in: BUKO Agrar Koordination (Hrsg.) (1998), S.62-67

Koechlin, F. (2001): Patente auf Lebewesen -Biopiraterie und die private Kontrolle genetischer Ressourcen, in: Brühl, T. et al. (Hrsg.): Privatisierung der Weltpolitik. Entstaatlichung und Kommerzialisierung im Globalisierungsprozess, Bonn, S.299-313

- (Hrsg.) (1998): Das patentierte Leben. Manipulation, Markt und Macht. Zürich

Krämer, Matthias (2000): Globale Gefährdung pflanzengenetischer Ressourcen. Perspektiven aus der Sicht der Ökologischen Ökonomie, Dissertation der Universität Göttingen Frankfurt/M, Berlin, Bern

Krasner, Stephen, D. (1983): International Regimes, Ithaca, London

Krebs, Melanie/Herkenrath, Peter/Meyer, Hartmut (2002): Zwischen Schutz und Nutzung. 10 Jahre Konvention über Biologische Vielfalt, Berlin, November 2002

Krings, Thomas (1999): Agrarwirtschaftliche Entwicklung, Verfügungsrechte an natürlichen Ressourcen und Umwelt in Laos, in: Zeitschrift für Wirtschaftgeographie, Jg.43, Heft 3-4, S.213-228

-/Müller, Barbara (2001): Politische Ökologie: Theoretische Leitlinien und aktuelle Forschungsfelder, in: Reuber, P./Wolkerdorfer, G. (Hrsg.): Politische Geographie, Heidelberg, S.93-116

Kunz, Werner (2002): Was ist eine Art? In der Praxis bewährt aber unscharf definiert, in: Biologie in unserer Zeit, 32. Jahrgang, Nr.1, S. 10-19

Kuppe, René (2001): Der Schutz des traditionellen umweltbezogenen Wissens indigener Völker, in: Klaffenböck, G./Lachkovics, E./Südwind Agentur (Hrsg.), S. 141-156

- (2002): Indigene Völker, Ressourcen und traditionelles Wissen, in Brand, Ulrich/Kalcsics, Monika (Hrsg.), S.112-133

La Jornada (2000): Acuerdos tomados por ICBG-Maya, ECOSUR, COMPITCH, SEMARNAP e INE, Presseerklärung vom 18.6.2000, S.43

Lange, Joachim (1998): Die Politische Ökonomie des Nordamerikanischen Freihandelsabkommens NAFTA, Frankfurt/M.

Lambke, Adi/Janßen, Georg/Schievelbein, Claudia (2003): Der Streit ums Saatgut. Über Nachbaugebühren und Nachbaugesetze, in in: Landwirtschaft 2003: Der Kritische Agrarbericht, Bielefeld, S.70-78

Liebig, K. (2001): Der Schutz geistiger Eigentumsrechte in der Welthandelsordnung: Entwicklungspolitischer Reformbedarf für das TRIPS-Abkommen. Deutsches Institut für Entwicklungspolitik, Analysen und Stellungnahmen (1/2001), Bonn

Lipietz, Alain (1985): Akkumulation, Krisen und Auswege aus der Krise: Einige methodische Überlegungen zum Begriff der „Regulation", in: Prokla 15. Jg., Nr. 58, S.109-137

- (1987): Mirages and Miracles: The crises of global Fordism, London

- (1992a): Towards a New Economic Order. Postfordism, Ecology and Democracy, Cambridge

- (1992b): Vom Althusserismus zur „Theorie der Regulation", in: Demirovic, A./Krebs, H.P./Sablowski, T. (Hrsg.): Hegemonie und Staat. Kapitalistische Regulation als Projekt und Prozess, Münster

- (1998): Grün. Die Zukunft der politischen Ökologie, Wien

- (2000): Die große Transformation des 21. Jahrhunderts: ein Entwurf der politischen Ökologie, Münster

Löffler, K. (2001): Genetische Ressourcen. Biodiversitätskonvention und TRIPS-Abkommen. Berlin

Lutz, Burkart (1989): Der kurze Traum der immerwährenden Prosperität, Frankfurt/M., New York

Machlup, F. (1964): Patentrecht I und II, in: Handbuch der Sozialwissenschaften BD 8, Tübingen

Mataatua Declaration (1993): The Mataatua Declaration on Cultural and Intellectual Property Rights of Indigenous Peoples, aotearoa. wellington.net.nz/imp/mata.htm

May, R.M./Lawton, J.H./Nigel, E.S. (1995): Assesing extinction rates, in: Lawton, J.H./May, R.M. (Hrsg.): Extinction rates, Oxford

Maxted, N./Ford-Lloyd, B.V./Hawkes, J.G. (Hrsg.) (1997): Plant Genetic Conservation. The in situ approach, London, New York, Tokio

McNeely, Jeffrey, A. (1990): Schutz durch Nutzungsausschluß: Gedanken zum Reservatkonzept, in: ARA (Hrsg.)

-/Miller, Kenton R./Reid, Walter V./Mittermeier, Russell A./Werner, Timothy B. (1990): Conserving the World's Biological Diversity. IUCN, WRI, CI, WWF-US, Weltbank (Hrsg.)

Meadows, Dennis/Meadows, Donella/Zahn, Erich/Millig, Peter (1972): The Limits to Growth, New York.

Medellín, Rodrigo (1996): La Selva Lacandona, in: Arqueología Mexicana, Vol.4, Nr. 22, S.64-69

Meienberg, François (2002): Wenn Leben zur Ware wird. Zur Praxis der Biopiraterie, in: Brand, Ulrich/Kalcsics, Monika (Hrsg.), S.52-58

Metzner, Andreas (1998): Nutzungskonflikte um ökologische Ressourcen: die gesellschaftliche Natur der Umweltproblematik, in: Brand, K.-W.(Hrsg.) 1998: Soziologie und Natur. Theoretische Perspektiven, Opladen, S.201-222

Meyer (1998): Biologische Vielfalt in Gefahr?: Gentechnik in der Pflanzenzüchtung, Berlin

Milborn, Corinna (2002): Biopiraterie und Bioimperialismus. Patente auf Leben und die indigenen Gruppen Mittelamerikas, in Brand, Ulrich/Kalcsics, Monika (Hrsg.), S.134-147

Minnis, Paul E./Elisens, Wayne J. (Hrsg.) (2000): Biodiversity and Native America, Oklahoma

Mooney, Pat (1981): Saat-Multis und Welthunger, Reinbeck

- (1983): The Law of the Seed, in: Development Dialogue 1-2, S.3-173

- (1985): The Law of the Lamp, in: Development Dialogue 1, S.103-173

-/Fowler, Cary (1991): Die Saat des Hungers. Wie wir die Grundlagen unserer Ernährung vernichten, Hamburg

Müller, Birgit (2002): Keine Privatisierung natürlicher Ressourcen! Vertragsinitiative zum Teilen des genetischen Allgemeinguts eröffnet neuen Diskurs. BUKO Agrar Info 111, April 2002

Müller-Jantsch, Susanne, Strobach, Stefan (2001): GENiale Zeiten, Kontroversen, Kunst und Kultur zur Gentechnologie, Bremen

Nadal, Alejandro (2002): Genetische Vielfalt und Freihandel: Ein Fallbeispiel zu Mais in Mexiko und dem NAFTA-Abkommen, in: BUKO Agrar Koordination (Hrsg.), S.49-55

Neumeier, Hans (1990): Sortenschutz und/oder Patentschutz für Pflanzenzüchtungen, Köln/Berlin/Bonn/München

Nohlen, Dieter/Schultze, Rainer-Olaf/Schüttemeyer, Suzanne S.(Hrsg.) (1998): Lexikon der Politik, Band 7, Politische Begriffe, München

Odum, Eugene, P. (1999): Ökologie. Grundlagen, Standorte, Anwendung, Stuttgart/New York, 3. völlig neubearb. Aufl.

Oetmann-Mennen, Anja/Begemann, F. (1998): Genetische Vielfalt und pflanzengenetische Ressourcen – Gefährdungsursachen und Handlungsbedarf, in: BfN (Hrsg.): Ursachen des Artenrückgangs von Wildpflanzen und Möglichkeiten zur Erhaltung der Artenvielfalt, Bonn-Bad Godesberg, S.35-48

– (1999): Biologische Vielfalt in der Landwirtschaft. Luxus oder Notwendigkeit?, in Görg, C. et al. (Hrsg.)

O'Keefe, P./Westgate, K./Wisner, B. (1977): Taking the naturalness out of natural disaster, Nature 260, S.566-567

Oksanen, Markku (2001): Privatizing Genetic Resources, in: Barry, John/ Wissennburg, Marcel (Hrsg.) (2001): Sustainable Liberal Democracy. Ecological Chalenges and Opportunities, New York

OMIECH (2000): Apoyo para la defensa de los recursos naturales de la medicina indígena tradicional en el estado de Chiapas, San Crístobal de las Casas

Peet, Richard/Watt, Michael (Hrsg.) (1996): Liberation ecologies: environment, development, social movements, London/New York

Pelegrina, Wilhemina (2001): Die Gründe Revolution und ihre Hinterlassenschaften, in: Klaffenböck et al (Hrsg.), S.23-42

Pérez U./Mathilde (2000a): Indígenas e investigadores debatirán en conferencia sobre bioprospección, in: La Jornada vom 12.9.2000, S. 41

-/- (2000b): Proponen moratoria a la bioprospección en el país, in: La Jornada vom 17.9.2000, S.35

-/- (2000c): Negó Semarnap permiso para proyecto de bioprospección, in: La Jornada vom 13.10.2000, S.35

Pernicka, Susanne (2001): Wem gehören die Gene? Patente auf Leben für ein neues Wachstumsregime, Hamburg

Petit, M./Fowler, C./Collins, W./Correa, C./Thornström, C.G. (2001): Why Governments Can't Make Policy. The Case of Plant Genetic Resources in the International Arena, Lima

Pohl, Silke (2003): Schutz und Nutzung der biologischen Vielfalt. Zur Rolle biologischen Wissens bei der sozialen Konstruktion eines Umweltproblems, Magisterarbeit an der Philosophische Fakultät, Dresden

Posey, Darrel A. (1990): Intellectual property rights and just compensation for indigenous knowledge, in: Anthropology Today 6, S.13-16

- (1999): Culture and Nature: The Inextricable Link, in: ders. (Hrsg.): Culture and Spiritual Values of Biodiversity, London

-/Dutfield, Graham (1996): Beyond Intellectual Property. Toward Tradicional Resource Rights for indigenous Peoples and local communities, Ottawa, Cairo, Dakar

Potthast, T. (1996): Inventing Biodiversity: Genetics, Evolution, and Environmental Ethics, Biologische Zentralbibliothek 115, S.177-188

Poulantzas, Nicos (1978): Staatstheorie. Politischer Überbau, Ideologie, Sozialistische Demokratie, Hamburg, S.114ff.

Primack, Richard B. (1995): Naturschutzbiologie, Heidelberg, Berlin, Oxford

von Prittwitz, Volker (1993): Umweltpolitik als Modernisierungsprozess. Politikwissen-schaftliche Umweltforschung und -lehre in der BRD, Opladen

Quist, David/Chapela, Ignacio (2001): Transgenic DNA introgressed into traditional maize landraces in Oaxaca, Mexico, in: Nature Vol.414, No.6863, S.541-543

RAFI (1999a): Biopiracy Project in Chiapas, Mexico. Denounces by Mayan Indigenous Groups, News Release 1.12.1999, www.etcgroup.org

- (1999b): Reflexiones sobre la disputa de la „bioprospección" en Chiapas, GENO-Type 22/12/99, www.etcgroup.org

- (2000): Parar la biopiratería en México: Organizaciones indígenas de Chiapas reclaman moratorio inmediata, www.etcgroup.org

Rammstedt, Otthein (1978): Soziale Bewegungen, Frankfurt/M.

Ransley. A.G. (1935): The use and abuse of vegetational concepts an terms, in: Ecology 16, S.284-307

Reclift, M. (1987): Sustainable Development: Exploring the Contradictions, London

Reicherzer, Judith (2003): Niederlage für Saatguterzeuger, in: Süddeutsche Zeitung, Nr. 85 vom 11. April 2003, S.20

Reid, Walter V./Laired, Sarah A./Meyer, Carrie A. et al. (Hrsg.)(1993): A new Lease on Life, in: dies. (Hrsg.): Biodiversity Prospecting: Using Genetic Resources for Sustainable Development, Baltimore, S.1-52

Reusswig, Fritz (1999): Syndrom des Globalen Wandels als transdisziplinäres Konzept. Zur Politischen Ökologie nicht-nachhaltiger Entwicklungsmuster, in: Zeitschrift für Wirtschaftgeographie, Jg.43, Heft 3-4, S.184-201

Rivière, Philippe (2001): Patienten, Patente und Profite. Therapien in der Aidsbekämpfung, in Le Monde diplomatique, Beilage der tageszeitung vom 13. Juli 2001

Ribeiro, Silvia (2002a): Biopiratería: la privatización de los ámbitos de comunidad, in: Brand, Ulrich/Kalcsics, Monika (Hrsg.), S.37-51

- (2002b): Biopiraterie und geistiges Eigentum – Zur Privatisierung von gemeinschaftlichen Bereichen, in: Görg, C./Brand, U. (Hrsg.), S.118-136

Rocheleau, Dianne/Thomas-Slayter, Barbara/Wangari, Esther (Hrsg.) (1996): Feminist Political Ecology. Global issues and local experiences, London/New York

Röder, Roland (2002): Nachbaugebühren – ein brisanter aber unbekannter Konflikt, in: BUKO Agrar Info Nr. 115, September, S.1-3

Rolshausen, Claus (1997): Macht und Herrschaft, Münster

Rossbach de Olmos, L. (1999): Biologische Vielfalt und indigene Völker. Beitrag zum IANUS-Symposium Konfliktfeld Biodiversität: Erhalt der biologischen Vielfalt, Darmstadt

Rucht, Dieter (1994): Modernisierung und neue soziale Bewegung. Deutschland, Frankreich und USA im Vergleich, Frankfurt/M.

- (1995): Soziale Bewegungen, in: Nohlen, Dieter (Hrsg.): Lexikon der Politik, München, S.589-590

Rutz, Hans Walter (Hrsg.) (2002): Sorten- und Saatgutrecht, Bonn

Sablowski, Thomas (1994): Zum Status des Hegemoniebegriffs in der Regulationstheorie, in: Esser et al. (Hrsg.), S.133-157

Sachs, Wolfgang (Hrsg.) (1993): Wie im Westen so auf Erden. Ein polemisches Handbuch zur Entwicklungspolitik, Reinbeck/Hamburg

Scheffran, Jürgen/Vogt, Wolgang R. (1998): Globale Krise, Umweltkonflikte und nachhaltiger Frieden, in: dies. (Hrsg.): Kampf um die Natur, Darmstadt

Schelske, Oliver (2000): Die Bedeutung der Biodiversität und Bestandteile einer Strategie zu ihrem Schutz. Eine regionalökonomische und ökologische Perspektive, Disertation an der Universität Zürich-Irchel, aus der Reihe Wirtschaftgeographie und Raumplanung, Vol.30

Schiemann, Elisabeth (1939): Gedanken zur Genzentren Theorie Vavilovs, in: Naturwissenschaften 27, S.377-383, S.394-401

Schievelbein, Claudia (2000): Die eigene Ernte säen. Die Auseinandersetzung um Nachbaugebühren und Sortenschutzgesetze, in: Landwirtschaft 2000: Der Kritische Agrarbericht, Bielefeld, S.145-152

- (2003): EuGH kippt allgemeinen Auskunftsanspruch, in: Die Bauernstimme vom Mai 2003, Sonderdruck

Schmink, M./Wood, C.H. (1987): The 'political ecology' of Amazonia, in Little, P.D./Horowitz, M.M.: Lands and Risk in the Third World: Local-level Perspectives, Colorado, S.38-57

Schmutterer, H. (1995): The Neem Tree. Source of Unique Natural Products for Integrated Pest Managment, Medicine, Industry an Other Purposes, Weinheim

Schramm, Engelbert (1999): Zum Problem der Interdisziplinarität, in: Görg, C. et al. (Hrsg.): Zugänge zur Biodiversität. Disziplinäre Thematisierungen und Möglichkeiten integrierender Ansätze, Marburg

Schubert, Rudolf/Wagner, Günther (1993): Botanisches Wörterbuch, 11. Auflage, Stuttgart

Schwanitz, Franz (1967): Die Evolution der Kulturpflanzen, München/Basel/Wien

Seiler, Achim (1998): Biotechnologie und Dritte Welt: Problemzusammenhänge und Regelungsansätze, in: *Wechselwirkung*, Nr. 92, S. 32-45

– (1999): Biotechnologie und der Zugriff auf die pflanzengestützten Produktionsketten -industrielle Strategien zur Vorbereitung auf die Veränderungen des Produktionssystems, in Wechselwirkung, Feb./März, S. 48-59

– (2000a): Die Bestimmungen des TRIPS-Abkommens und die Optionen zur Izur Umsetzung des Art. 27.3 (b): Patente, Sortenschutz und Sui Generis, Studie im Auftrag der GTZ, Frankfurt/M.

– (2000b): Biotechnologie und Dritte Welt. Problemfelder, Regelungsansätze, Handlungsmöglichkeiten, Dissertation

– (2003): Der internationale Saatgutvertrag der FAO – ein Ansatz zur Sicherung des nachhaltigen Umgang mit pflanzengenetischen Ressourcen (?), in: WZB-Mitteilungen Nr. 99

Sen, A.K. (1981): Poverty and famines: en essay on entitlement and deprivation, Oxford

Shand, Hope (2001): Gene Giants: Understanding the Life Industry, in Tokar, Brian (Hrsg.) Redesigning Life? The Worldwide Challenge to Genetic Engineering, London

Shiva, Vandana (o.J.): The neem tree. A case history of biopiracy, www.twnside.org.sg/title/pir-ch.htm

– (2002): Biopiraterie. Kolonialismus des 21. Jahrhunders, Münster

Simpson, G.G. (1952): How many species?, in: Evolution 6, S. 342

Singh Nijar, Gurdial (2001): Patente auf Lebensformen: Bedrohung der biologischen und kulturellen Vielfalt, in: Klaffenböck, G./Lachkovics, E./Südwind Agentur (Hrsg.), S. 121-140

Solbrig, Otto T. (1991): From Genes to Ecosystems: a research agenda for biodiversity ; report of a IUBS-SCOPE-UNESCO workshop, Harvard Forest, Petersham, Ma. USA, June 27-July 1, Cambridge

– (1994): Biodiversität. Wissenschaftliche Fragen und Vorschläge für die internationale Forschung, Bonn

Southcentre.org (o.J.): UPOV-Systems, www.southcentre.org/publications/occasional/paper02/paper2-06.htm, besucht am 15.10.02

Soyez, Dietrich (2001): Lokal verankert – weltweit vernetzt: Transnationale Bewegungen in einer entgrenzten Welt, in: Blotevogel, H.H./

Oßenbrügge, J./Woods, G. (Hrsg.): Tagungsband des 52. Deutschen Geographentages in Hamburg, Stuttgart, S. 29-44

Sprenger, Ute/Knirsch, Jürgen/Lanje, Kerstin (Hrsg.) (1996): Unternehmen zweite Natur. Multis, Macht und moderne Biotechnologien. Ökozid-Jahrbuch, Nr. 12

Steenwarber, Friedhelm (2001): Patentschutz bei gentechnisch veränderten Nutzpflanzen. Juristische und ökonomische Aspekte der Patentierung gentechnologisch veränderter Nutzpflanzen, Dissertation an der HWP, Hamburg

Steininger, Fritz F. (Hrsg.) (2000):Agenda Systematik 2000. Erschließung der Biosphäre, Kleine Senckenberg-Reihe Nr. 22, Frankfurt/M.

- (Hrsg.) (1997): Biodiversitätsforschung. Ihre Bedeutung für Wissenschaft, Anwendung und Ausbildung, zusammengestellt von einer Ad-hoc-Expertengruppe, Frankfurt/M.

Stott, Philip/Sullivan, Sian (Hrsg.) (2000): Political Ecology. Science, Myth and Power, London

Swingland, Ian R. (2001): Definition of Biodiversity, in: Levin, Simon Asher et al. (Hrsg.): Encyclopedia of Biodiversity A-C, Volume 1. San Diego, S. 377-391

Taba, S. (1995): Current Activities of CIMMYT Maize Germplasm Bank, in: ders. (Hrsg.): The CIMMYT Maize Germplasm Bank: Genetic Resource Preservation, Regeneration, Maintenance and Use, Maize Program Special Report. CIMMYT, México D.F.

Thomas-Slayter, Barbara/Wangari, Esther/Rocheleau, Dianne (1996): Feminist Political Ecology. Crosscutting theoretical insights, policy implications, in: Rocheleau, Dianne et al.(Hrsg.): Feminist Political Ecology. Global issues and local experiences, London/New York

Tippe, Ruth (2002a) (KEIN PATENT AUF LEBEN), persönliche Email vom 12.11.2002

- (2002b): Neem Patent Applications, Dokument von KEIN PATENT AUF LEBEN, Oktober 2002

- (2002c) (KEIN PATENT AUF LEBEN), persönliche Email vom 11.12.2002

Transley, A.G. (1935): The use and abuse of vegetational concepts and terms, in: Ecology 16, S.205-221

Trepl, L. (1994): Geschichte der Ökologie. Weinheim

Tsing, Anna (1993): In the Realm of the Diamond Queen: Marginality in an Out-of-the-Way Place, Princeton

umweltinstitut.org (2000): Internationaler Widerstand gegen das Neem-Baum-Patent, www.umweltinstitut.org/frames/all/m169.htm

UN-Dokument (1993): UN-Studie über den Schutz kulturellen und intellektuellen Eigentums indigener Völker, E/CN.4/Sub.2/1993/28, vom 28.Juli 1993

Vavilov, Nicolai I. (1926): Studies on the origin of cultivated plantes, in: Bulletin of Applied Botany, Genetics and Plant Breeding 16 (2), S.139-245

Vogel, Friedrich/Grunewald, Reinhard (Hrsg.) (1994): Patenting of Human Genes and Living Organisms, Berlin/Heidelberg/New York

Vogel, Joseph H. (1994): Genes for sale. Privatization as a Conservation Policy, New York/Oxfort

vshiva.net (o.J.): Neem: A Plant For All Seasons, www.vshiva.net/naturefacts/neem.htm

Wahl, Peter (2000): Aporien internationaler Regulierung der Globalisierung. Die WTO zwischen Global Governance und Krise, in: Journal für Entwicklungspolitik, 15.Jg., Nr.4, S.409-424

Walz, R. (1974): Der Schutzinhalt des Patentrechts im Recht der Wettbewerbsbeschränkungen, Dissertation, Tübingen

WBGU (1994): Welt im Wandel. Grundstruktur globaler Mensch-Umwelt-Beziehungen, Jahresgutachten 1993, Bonn

- (1996): Welt im Wandel: Wege zur Lösung globaler Umweltprobleme, Jahres-gutachten 1995, Berlin/Heidelberg

- (2000): Welt im Wandel: Erhaltung und nachhaltige Nutzung der Biosphäre, Jahresgutachten 1999, Berlin/Heidelberg

Weide, Heinz/Paca, Jan/Knorre, Wolgang A. (1991): Biotechnologie, Jena

von Weizsächer, Christine (1995): Gentechnik und Artenvielfalt. Eine schwierige Beziehung, die als ideale Partnerschaft gelten möchte, in: Wolters, J./ARA (Hrsg.): Leben und Leben lassen. Biodiversität – Ökonomie, Natur- und Kulturschutz im Widerstreit, Ökozid Jahrbuch 10, Gießen, S.53-68

Weltkommission für Umwelt und Entwicklung (1987): Unsere gemeinsame Zukunft (Der Brundtland-Bericht herausgegeben von Volker Hauff), Greven

van Wijk, J./Cohen, J./Komen, J. (1993): Intellectual Property Rights for Agriculture Biotechnology, ISNAR-Research Report Nr.3, Den Haag, S.8

Wilson, E.O. (1989): Threats to Biodiversity, Scientific American 9/89, S.61-66

- (Hrsg.) (1992): Ende der biologischen Vielfalt? Der Verlust an Arten, Genen und Lebensräumen und die Chancen für eine Umkehr, Heidelberg, Berlin, New York

-/Peter, F.M. (Hrsg.) (1988): Biodiversity, Washington D.C.

wlv.de (2001): Nachbau: Kooperationsabkommen kündigen?, in: AGRAR-INFO Nr. 24, 54. Jg., 20. Juni 2001, www.wlv.de/wlv/ai/zd0124.htm

Wolff, Karsten (1996): Das Richtige im Falschen. Biotechnologietransfer zwischen Anspruch und Wirklichkeit, in: Sprenger, Ute et al. (Hrsg.), S. 45-52

Wolfrum, Rüdiger/Stoll, Peter-Tobias (1996): Der Zugang zu genetischen Ressourcen nach dem Übereinkommen über die biologische Vielfalt und dem deutschen Recht, Berlin

Wolters, Jürgen (1995): Die Arche wird geplündert. Vom drohenden Ender der biologischen Vielfalt und den zweifelhaften Rettungsversuchen, in: ders., ARA (Hrsg.): Leben und Leben lassen. Biodiversität – Ökonomie, Natur- und Kulturschutz im Widerstreit, Ökozid Jahrbuch 10, Gießen, S.11-39

Wörner, Beate/rot für die Welt (Hrsg.) (2000): Von Genpiraten und Patenten, Frankfurt/M.

WRI/IUCN/UNEP (1992): Global Biodiversity Strategy. Guidelines for Action to Save, Study, and Use Earth's Biotic Wealth Sustainably and Equitably, o.O.

Wrigley, E.A. (Hrsg.) (1986): The works of Thomas Robert Malthus, London

Wullweber, Joscha (2001): Biopiraterie unter dem Deckmantel des TRIPs-Abkommens der WTO, in: Schweigler, A.K. (Hrsg.): Reader Biopiraterie des Forschungs- und Dokumentationszentrums Chile-Lateinamerika e.V. und des Gen-Ethische-Netzwerks, Berlin, S.8-15

– (2002): Biopiraterie und die Hegemonie westlicher Interessen, in: BUKO Agrar Koordination (Hrsg.), S.78-83

– (2003): Im Dschungel der internationalen Abkommen: TRIPs, UPOV, CBD und IT im Wettstreit um den „Schutz" der Biodiversität, BUKO Agrar Info Nr. 119, Januar, S.1-4

Zhukovsky, P.M. (1968): New centres of origin and new gene centres of cultivated plants, including specifically endemic microcentres of species closely allied to cultivates species, in: Bot. Zh. 53, S.430-460

Zotz, G./Körner, Ch. (Hrsg.) (2001): Funktionelle Bedeutung von Biodiversität. Kurzfassung der Beiträge zur 31. Jahrestagung der Gesellschaft für Ökologie in Basel vom 27.-31.8.2001, aus der Reihe Verhandlungen der Gesellschaft für Ökologie, Band 31, Herausgegeben im Auftrag der Gesellschaft für Ökologie, Berlin

Zwahlen, Robert (1996): Traditional methods: a guarantee for sustainability?, in: IK-Monitor, Vol. 4, No. 3

Alex Demirović
Komplexität und Emanzipation
Kritische Gesellschafts-
theorie und die
Herausforderung
der Systemtheorie
Niklas Luhmanns
2001 – 349 Seiten – € 24,80
ISBN 3-89691-494-4

Alex Demirović/
Hans-Peter Krebs/
Thomas Sablowski (Hrsg.)
Hegemonie und Staat
Kapitalistische Regulation als
Projekt und Prozeß
Beiträge von A. Lipietz,
R. Boyer, B. Jessop, J. Hirsch,
R. Keil u.a.
1992 – 320 Seiten – € 20,50
ISBN 3-924550-66-2

Christoph Görg
**Gesellschaftliche
Naturverhältnisse**
(Einstiege Band 7)
1999 – 198 Seiten – € 15,30
ISBN 3-89691-693-9

Alain Lipietz
**Die große Transformation
des 21. Jahrhunderts**
Ein Entwurf der
politischen Ökologie
Übersetzt und mit einem
Nachwort versehen von
Frieder Otto Wolf
(einsprüche Band 11)
2000 – 192 Seiten – € 15,30
ISBN 3-89691-470-7

World Watch Institute (Hrsg.)
Zur Lage der Welt 2004
Die Welt des Konsums
In Zusammenarbeit mit
der Heinrich-Böll-Stiftung
und GERMANWATCH
zahlreiche Abbildungen
2004 – ca. 320 S. – ca. € 19,90
ISBN 3-89691-570-3

Lateinamerika Jahrbuch 27
**Unsere amerikanischen
Freunde**
Analysen und Berichte
2003 – 214 Seiten – € 20,50
ISBN 3-89691-554-1

**WESTFÄLISCHES
DAMPFBOOT**

Hafenweg 26a · 48155 Münster
Tel. 0251 3900480 · Fax 0251 39004850
e-mail: info@dampfboot-verlag.de
http://www.dampfboot-verlag.de

6. Auflage

Elmar Altvater/
Birgit Mahnkopf
**Grenzen der
Globalisierung**
Ökonomie, Ökologie
und Politik in der
Weltgesellschaft
6. Auflage 2004
600 Seiten – € 29,80
ISBN 3-929586-75-4

Elmar Altvater/
Birgit Mahnkopf
**Globalisierung der
Unsicherheit**
Arbeit im Schatten,
schmutziges Geld und
informelle Politik
2002 – 393 Seiten – € 24,80
ISBN 3-89691-513-4

2. Auflage

John Holloway
**Die Welt verändern,
ohne die Macht
zu übernehmen**
übersetzt von Lars Stubbe
in Kooperation mit dem
Instituto de Ciencias Sociales y
Humanidades, Mexiko
2. Auflage 2004
255 Seiten – € 24,80
ISBN 3-89691-514-2

Albert Scharenberg/
Oliver Schmidtke (Hrsg.)
Das Ende der Politik?
Globalisierung und
der Strukturwandel
des Politischen
2003 – 381 Seiten – € 24,80
ISBN 3-89691-538-X

Ulrich Brand /Achim
Brunnengräber/Lutz Schrader/
Christian Stock/Peter Wahl
Global Governance
Alternative zur neoliberalen
Globalisierung?
2000 – 203 Seiten – € 15,30
ISBN 3-89691-471-5

Ulrich Brand/
Werner Raza (Hrsg.)
Fit für den Postfordismus?
Theoretisch-politische
Perspektiven des
Regulationsansatzes
2002 – 332 Seiten – € 24,80
ISBN 3-89691-529-0

Christoph Görg/
Ulrich Brand (Hrsg.)
**Mythen globalen
Umweltmanagements**
„Rio + 10" und die
Sackgassen „nachhaltiger
Entwicklung"
(einsprüche Band 13)
2002 – 217 Seiten – € 15,30
ISBN 3-8691-596-7

Heike Walk/
Nele Boehme (Hrsg.)
Globaler Widerstand
Internationale Netzwerke
auf der Suche
nach Alternativen im
globalen Kapitalismus
2002 – 336 SSeiten – € 24,80
ISBN 3-89691-515-0

**WESTFÄLISCHES
DAMPFBOOT**

Hafenweg 26a · 48155 Münster
Tel. 0251 3900480 · Fax 0251 39004850
e-mail: info@dampfboot-verlag.de
http://www.dampfboot-verlag.de